世界注定要有人闪闪发光，

要有人默默做事，

有抬头仰望星空的时刻，

但一定也有低头走路的时光。

去做自己擅长的，且能做得更好的事情，

去放弃困扰自己的，无法完成的任务，

从认识到接受自己的平凡，

是漫长的过程。

时间就像一个打磨石,从不在意我的反应。

它用一分一秒,

一点点打磨着我的心绪、我的性情,

它像雕刻艺术品那般,

不慌不忙,不疾不徐。

如果把人生拉长，你会发现得失无常，

一切都是公平的。

人生这条路上，未来和过去无不大雾弥漫，

我们唯能看清的其实是眼前的路。

人和人在一起，

是时机成熟的一个总和，

需要天时地利人和，

才有缘聚在一起细数细水长流的日子。

人最美的姿态，

就是可以勇敢去要，

也可以甘心放下，

可以给予，

也可以转身。

后来我才渐渐明白，

决定我们走多远的，

是我们在无人理解时的坚持和耐力，

是我们在绝对孤独时的心境与心态。

生活难以两全，

我更想让自己永远拥有探索的精神，

保持好的状态出发，

遇见，抵达。

我爱这星河滚烫的人间

韦娜 ———— 著

内 容 提 要

本书是青年作家韦娜的全新作品,是一本直戳人心又温暖治愈的图书。

本书共分为有些未来我不想去;守护内心的方式;走向另一种理想的生活;相知相亲相爱,并不一定懂爱;你会怀念自我更新的那一年;我想学会与世界和平相处;认真生活的勇气最可贵;定力,是一个人的魅力等八个部分,作者用温柔细腻的文字记录下自己和身边朋友所发生的故事,那些时间没有教会你的,作者会用自己经历过的故事告诉你答案。

图书在版编目(CIP)数据

我爱这星河滚烫的人间 / 韦娜著. -- 北京:中国水利水电出版社,2022.4
 ISBN 978-7-5226-0552-4

Ⅰ. ①我… Ⅱ. ①韦… Ⅲ. ①人生哲学－通俗读物 Ⅳ. ①B821-49

中国版本图书馆CIP数据核字(2022)第041840号

书　　名	我爱这星河滚烫的人间 WO AI ZHE XINGHE GUNTANG DE RENJIAN
作　　者	韦娜 著
出版发行	中国水利水电出版社 (北京市海淀区玉渊潭南路1号D座　100038) 网址:www.waterpub.com.cn E-mail:sales@waterpub.com.cn 电话:(010)68367658(营销中心)
经　　售	北京科水图书销售中心(零售) 电话:(010)88383994、63202643、68545874 全国各地新华书店和相关出版物销售网点
排　　版	北京水利万物传媒有限公司
印　　刷	天津旭非印刷有限公司
规　　格	146mm×210mm　32开本　8印张　220千字
版　　次	2022年4月第1版　2022年4月第1次印刷
定　　价	49.80元

凡购买我社图书,如有缺页、倒页、脱页的,本社发行部负责调换
版权所有·侵权必究

自 序

亲爱的你好啊，感谢你翻开我的书，打开我的世界。我多么希望自己的文字可以在你的生命中多停留片刻，温暖每一个路过我的人。

写这些文字时，我已经大学毕业十三年了，在北京工作九年，而后在上海工作四年。写作的路，我走了十一年。

毕业后，生活和工作一直非常忙碌，我在北京和上海两座城市来回游走。2021年上半年，我的上海户口终于办妥，巧合的是，我居然是在世界读书日这一天拿到了新身份证，这一切似乎在告诉我——你的改变都是读书带来的。

从小镇女孩到新上海人，我用了三十多年的时间。最深刻的体会，不是那句很风靡的话——我用了三十年的时间，终于能够和你坐在一起喝咖啡，而是，原来只要努力，就可以游到梦想的彼岸。假如你有梦想的话，要好好努力，毕竟随着年龄的增长，你的承重越多，梦想的实现也会越来越不容易。

01

在北京工作时，我在那座城市漂浮，印象最深刻的应该是在意林做讲师的那段经历。在同事小布丁的鼓励下，我去很多学校讲课。四五年的时间，我讲了两三百场。那段时间，我在各个讲台穿梭，但内心很孤独，总在匆匆赶路。每次坐飞机、高铁，或者在宾馆里的夜晚，我都会看书、写作。

记得跟着索明丹老师出差时，有时晚上会爬起来写作。一天晚上，她醒来看到我的背影，说："你不需要睡觉吗？女孩子没有必要这么拼命吧？我睡之前你在写作，醒来后又看到你在写。你又不一定能成名，还不如过好普通的生活，赶紧找个男朋友嫁人啊！"

其实，当时自己并没有拼的概念，真的只是喜欢。写作的时候很心安，也真的喜欢把一腔热情倾注在文字里。喜欢是投入做事的基础。

直到此时，我还是好怀念那段时间，灵感仿佛就住在我的思绪里，像鱼一般活跃、欢腾。语言从四面向我涌来，那时的文字可能相对青涩，但无比真诚、坦诚。

最初讲课，我喜欢去南方的城市，讲课互动效果比较好，讲起来也非常带劲、顺利。我曾经以为所有的学校都是这般模样，直到后来去了一次西北的一个城市，我改变了想法。

在那所学校，学生们都坐在操场上听我讲课，我迎着风讲了半天。到了提问的环节，大家都沉默不语，唯有个男孩给我讲了一个悲伤的故事——爸爸去世了，妈妈走了，奶奶不需要镜子，所以他家里从来没有镜子。

六岁那年，他去找同学玩，在一面墙上看到朋友和自己，吓了一跳。同学告诉他，不要怕，那是镜子，能看到自己。他却哭着跑回了家。原来，那就是镜子，他看到了镜子中的自己。看清了自己的狼狈，反而更难过。说着说着，小男孩又想落泪。

我不知如何安慰他。临走的时候送给他一些书和一面小镜子，以及一句话：**人这一生要拥有两面镜子。普通的镜子，只能让你看到表面的自己。而读书，却是心灵的镜子，能看到真正的自己是什么模样。**男孩似懂非懂，推脱着说，不想要我送的镜子，更喜欢我送的书。

听完小男孩的故事，再接出差的任务时，我更愿意去偏僻的地方讲课，仿佛觉得那里的学生更需要我这束微弱的光。我讲经典文学名著，分享其中的故事，分享我的感受和人生启发。

此时此刻，回忆过去，好怀念那时特别努力讲文学课的自己，真是动力满满，好像永远不知疲惫。也特别感谢那段辛苦出差讲课的时光，需要不停地看书，不停地讲课，我也因此会背诵了许许多多文学作品的段落，直到现在，依然可以倒背如流。

02

后来,我离开生活了近十年的北京,来到了上海。在北京,我跟索明丹老师是邻居,她也是意林的讲师,到现在她还在全国各地演讲。我真的很佩服她,也有些不太舍得离开她。

但那个时候的自己,也到了一个非要抉择不可的时刻。要么背水一战前往捷克留学(有同事恰好要一起去);要么义无反顾地来上海,跟一个男孩开始尝试一段感情,不一定有结果,但应该很浪漫。我选择了后者。现在想来有些后怕,也有些冒险。那时的我,真的是非常有勇气。

这勇气,可能是《少有人走的路》给予我的激励。书里有两句话,我到现在还记得——第一句是"人生苦难重重",第二句是"人生最大的安全感,是敢于直面不确定性"。好吧,我要去直面人生的不确定性了。2018年的植树节,我的生日,没有蛋糕,没有祝福,我丢掉所有的旧衣服,把所有的书都囤积在了自己的小房子里。之后,拉着一个小皮箱就来到了上海。

初到上海的那些天,一直下着雨。我就在那场春天的雨中,很快投身工作,犹如一滴水落入一片海。上海这座冷漠又客气的城市,不会有人在意我的到来,就像北京那座古朴又文艺的城市,根本不会有人在意我的离开。

我一直住在上海洲海路的森兰社区,工作也在这里。我的印象中,上海就是洲海路。每次为活动做主持,乘坐地铁来到上海繁华的街道，我都有种错觉，以为自己来到了另一个城市。但走到南昌路那种老街，又会生出许多亲切感。

带着那种复杂的情绪，我在上海这个炼炉中，真正地长大了，也开悟了许多。就在今年，我重新读《少有人走的路》里的那句话"人生苦难重重"，好像才真正读懂了它的含义。它意味着每个人都要去面对和经历无数次的绝望，才能重新再见光明。

我们每天都可以看到阳光，看到光明，就会理所当然地以为，这天然地是属于自己的一部分。但事实不是。只有经历许多事情后，才能明白寻常的可贵，**才会懂得光芒与爱都是奢侈品。年纪越大，越能深刻地认知到这件事。**

走过那么远的路，再过几年，即将迎来不惑之年。我却觉得自己的"不惑"提前到来了。因为经历、磨难，也因为读书、思考。

经常有读者问我，一个人最重要的能力是什么。每个人的评价标准应该不同。或者是，每个人在每个阶段的认知不同，所以评价标准不同。之前，我更看重工作的能力，后来，我更认可一个人的前提是，他与这个世界相处的能力。

慢慢地，我发现，一个人最重要的能力，其实是他对这个世界感受的能力，一种连接他人的能力，一种感受他人情绪的能力。或者是一种不管何时、在哪一种困境中，都可以积极向上、保持乐观的能力，不管经受怎样的考验，都能保持一种隐忍的耐力。

经历、处境都会改变一个人的心态，人的想法甚至会每七秒钟变换一次。我很怕自己在这种动荡的变换中，垂垂老矣，慢慢失去了少年时的锐气，从而日益麻木。

　　所以，我更期待自己，不管何时，可以很爱一个人，也可以全身而退。拥有时，可以很珍惜一样东西，该舍弃时，也可以忍痛转身。

　　在拥有和失去之间，在得到与舍弃之间，永远不失去自己，不失去感受的能力。有好的心情去感受自然，也有好的状态去远方看看，更有向上的姿态和健康的体魄。保持好的审美力，不管何时，都能因一段喜爱的音乐而备受鼓励，也可以因读懂一幅画的寓意而产生共鸣。

　　对，就是这种对生活的感知能力，与他人的连接能力，弥足珍贵。

　　愿你我都拥有它。

2022年3月12日于上海

目录 CONTENTS

01 第一章 有些未来我不想去

- *002* 感谢那个上班"摸鱼"的年轻人
- *006* 我和我不必郑重其事的理想
- *011* 做得多和想得远,哪个更重要
- *015* 请你比从前快乐
- *019* 你会成为另一个你,在你不知道的那一刻
- *024* 做事,要记得推自己一把

02 第二章 守护内心的方式

- *030* 新的一年,你的 flag 立好了吗
- *035* 要相信所有的事到最后都是好事
- *039* 片刻的温柔,暖了全世界
- *044* 中年人,你得罪了谁
- *049* 生活的功课,是接纳真实的自己

03

第三章 走向另一种理想的生活

- *056* 写作，勇敢者的游戏
- *060* 一颗治疗夜晚睡不着的药
- *065* 每个有梦想的人都需要一张书桌
- *069* 把梦装进了生活的"暗房"
- *074* 生活，就是从一座山走向另一座山
- *079* 长大以后，与欲望做朋友
- *083* 从不懂到懂得，重塑自我就是成长
- *088* 优雅的好朋友，是自洽

04

第四章 相知相亲相爱，并不一定懂爱

- *094* 结婚前要问自己的三个问题
- *099* 爱情，会让你重新认识自己
- *104* 人的精神长相，是他活成的模样
- *109* 爱的耐心，最有力量
- *114* 爱一直在，只是有人看不到

05 第五章 你会怀念自我更新的那一年

- *120* 我们都需要自我更新的那一年
- *125* 你愿意过被安排好的理想人生吗
- *130* 写给家与自己分属两个城市的人
- *136* 真正的高情商,是尊重自己与他人
- *141* 我不想过"差一点"的人生
- *145* 幼稚的人谈喜欢,成熟的人谈责任
- *149* 生命总有遗憾,你要勇敢向前

06 第六章 我想学会与世界和平相处

- *154* 怎样说再见才能不留遗憾
- *159* 要怎样才能看起来很不一般
- *163* 别丢了出发时的那股敢要的勇敢
- *167* 孤独,是我们认识自己最好的机会
- *172* 即使辛苦,也想拥有自己想要的人生
- *176* 真正的独立是什么
- *182* 如果还不能开口谈钱,说明你不成熟

07

第七章 认真生活的勇气 最可贵

- *188* 认真生活的勇气最可贵
- *192* 妈妈都是胆小鬼
- *196* 孩子无价，爱也无价
- *201* 爱是体面地退出

08

第八章 定力，是一个人的魅力

- *206* 换一种视角，重新理解错过与选择
- *211* 每年都要送自己几个关键词
- *216* 拥有向上选择的期待，也要承受向下坠落的痛
- *222* 要相信，你并不是一直这样
- *227* 一个离星星最近的女人

231 后记

第一章
有些未来我不想去

后来你问我,成长至今,记忆深刻的是什么。

我回答,是痛苦,是失眠。

那些闪着光的时刻,已经熄灭在昨晚。

那些快乐又自由的时刻,仿佛还在未来的路上。

幸好,去掉那些慌张、自卑、笨拙,我也逐渐找到了

一些让自己更自洽地与世界相处的方式。

只是,天真、笨拙并不容易褪去,后来它们与我融为一体,

成为崭新的我。

感谢那个
上班"摸鱼"的年轻人

01

参加了"酵母"的一期企业培训课,发现管理层感到困扰的问题之一,是如何激发年轻人工作的热情,防止大家"摸鱼"。

年轻人现在越来越喜欢说一个词,叫"上班摸鱼"。他们每天都会在工作结束的那一刻感慨一句:今天我"摸鱼"了,但我依然不快乐。老板们应该非常讨厌"摸鱼"的员工,毕竟他们更希望每一个员工在工作的时间投入全部精力。

上班"摸鱼",说明现在的年轻人越来越自我,热爱自由,但他们越是想把工作和生活分开,越发现两者的界限在神奇地消失。

每天上班前,我也会规划,上班的时间用来工作、发呆、上洗手间,下班了以后,我要用来享受生活,去做饭,去聚餐,去看脱口秀,做一条咸鱼躺在床上也可以。可一天下来,却依然感到疲惫异常。工作和生活正在变得不可分割。工作也渐渐成了生活不可分割的一部分。

的确，现在人的生活和工作其实很难彻底分开。我并不赞同稻盛和夫在《干法》里所说的，"人要学会把时间和精力都献给工作"——工作是生活的主角。

我更欣赏曾仕强老先生的生活态度，"让工作成为生活的一部分"。如果可以，找一段时间不工作，用心感受生活。学会给自己留一些空白，留一些时间思考，发呆，感受世界。这适当的留白，会给生活带来许多的可能性。

当你学会给自己留白，学会在固定的时间努力时，会突然之间发现自己已经会合理掌控属于自己的时间了。这种掌控感，是一种很微妙的感觉，会让你感谢并接纳自己。

02

我一直很感谢在意林工作的那段时间，尤其是出差讲课的经历。那时，我每天只需要讲一小时的课，其他的时间做什么事情呢？我会待在酒店里看书、休息。写到快要黄昏时，打一辆车绕着城市最好的风景点走一圈，再去吃当地的特色美食。晚上回到酒店，把这一天的感受写下来。待这一天匆匆结束，我又会在第二天赶路前往另一个城市。

那时，我精力旺盛，争分夺秒，特别有勇气，也特别雷厉风行。直至今日，我也很感谢那些日子的出差经历，因为每天留出来的看世界的时间，给了我不一样的生活体验。

那时的自己每天都在写作，一口气出版了五本书后，我来到了上海，过上了循规蹈矩的职场生活。上班，下班，加班，遇见同样的人，焦虑不一样的事。我去做线下活动，去做主持人，去采访，去直播，日程被要做的事情塞得满满的。一直埋头做事，丢失了抬头看星空、看人群、看风景的时间。

就在这样的生活中，我看似活得很认真，没有"摸鱼"的时间，但我并没有时间写作，记录，探索自我。我把过多的时间都用在了做事上，一件事接着一件事，忙到没有时间停歇、思考。慢慢地，我发现自己的生活好像只剩下一堵墙，我只在墙里做三件事——醒来，工作，睡去。

所以，我才说，真的要感谢那个敢于在工作中"摸鱼"的年轻人。他还在思考自己是谁，要做什么样的事情，要去过什么样的理想生活。工作和生活之间总有一个平衡点，我们要清醒地认识到，除了工作，还有我们想追求的生活。

03

生活不是一蹴而就的。一开始我们特别笃定的价值观，在后来的某一个时刻你会怀疑，会否定，会为此辗转反侧，然后欣喜若狂地得到一个答案，继续往前走。走一段时间后，又会发现从前的自己很傻，被摒弃的东西如此珍贵，于是重拾过去的理念，继续往前走。

这需要一个过程，这个过程可能会很漫长，是一个修心的过程，或者是逐渐打开自己的过程。

如果可以，适当"摸鱼"，一旦找到自我时，请立刻行动，不要偷懒，不要怀疑。就在这个当下，做出决定，并活出更好的自己。

我和我不必
郑重其事的理想

01

2021年，我三十五岁了。这个年龄，再谈理想，有些牵强。仿佛理想、乌托邦、梦想这些词语，都应该是三十岁之前才有的奢侈的愿望。她们说，三十五岁，要么讨论养生，要么讨论裁员，要么讨论养护孩子或赡养老人，要么讨论生活压力与工作困境，千万不要提及人生理想，因为一部分人已不再相信"梦想"这个美好的词。

所以，当我看到一个公众号的一期内容的主题叫"我和我不必郑重其事的理想"时，突然很喜欢，也很有共鸣，激动得要落泪。

因为，这句话几乎可以概括我2021年所有的状态——不断地尝试，不停地改变，努力过，妥协过，挣扎过，但从未放弃。多年过去了，写作的梦想，我真的还在坚守。想到这里，感动得想抱抱自己。

02

2021年，应该是我人生中变动最大的一年。站在年末回首这一年，只能想起四个字：兵荒马乱。落户、买房、装修、贷款、换工作，父亲生病，我去重症监护室陪伴了十天。每一件，都不是惊天动地的大事，但落实每一件事，都耗尽了我全部的精力。

带着不安的情绪，我换了两份工作，最终确定的这份出版社的工作，让我的心变得非常安静。心安即是归处。

这一年，印象最深刻的事情有很多，其中之一，肯定是面试。大概有两个月的时间，我好像一直在面试，在上海的地铁里跑来跑去，但每次面试，我都收获颇丰。因为每次面试，都要和面试官交流，有的工作要与好几个面试官见面交流。面试官的问题都很有意思，这些问题会逼迫我想一些平时无法顾及的事情。

选择一份工作和选择一个爱人，同样重要。加入一个新的工作团队，是缘分的开始；离开一个工作岗位，也真的是缘分尽了。每次都有许多理由，让我们选择加入一家公司，但一定会有更多的理由，让我们选择离开它。

有时候，我觉得工作和人生一样，聚聚散散，起起落落，也是缘分所定。不必强求，也不必挽留。毕竟我们这一代人，想专心致志地投入一份工作，是很难的一件事。外界的诱惑太多，内心的不安定又时常跑出来作怪，还有对现实的不满，对自己的种种期待。

有时，我们根本分不清是欲望，还是本能的需求，才注定要往外走，去看一看，去试一试。因此，年轻人会不停地变换工作，改变状态，改变心情，以此让自己适应这个变化的世界。

我走了一大圈后，才发现，如果自己想要的东西面目模糊，不管怎样周转，最后的答案与体验都是失败的；如果一旦确定了自己想要做的事情，就仿佛充满力量，可以迎接各种可能性。

所以，我更建议每一个迷茫的年轻人，一定要先问清楚自己想要的是什么，最在意什么，再去行动。不然换工作可能会让自己更慌张。不过，要记得经常更新自己的简历，收到面试邀请要记得去赴约聊聊。面试的路上，也有很多乐趣、很多收获，还能打开视野。

我最深的遗憾，是自己在年轻的时候，尤其是刚毕业那几年，没有多换几份工作，多去体验，然后做出选择，看看自己更适合什么样的工作。因为工作是一个窗口，代表了你看世界的视角，你能接触到的人群，你生活的方式与态度。换工作的时候，你要思考、选择、比较，会纠结，甚至痛苦。但这个过程恰恰告诉了你自己是谁，以及适合做的事情。

虽然安稳很重要，但这世界并不存在绝对的安稳。大多数工作都是充满风险与挑战的。如果人在年轻时，无法鼓足勇气去尝试，中年以后，机会更少。随着年龄的增长，人的试错成本会越来越高。

03

我的一个朋友在一份工作中一直是得过且过的态度。

三年前，他抱怨眼前的工作没有前途。三年后，他依然固执地待在那里，原因是他觉得自己无处可去。三年来，他没有准备过一份简历，更没有去面试过其他公司。

我们常说一个人的贫穷，不单单指他可支配的物质贫乏，同时也指一种状态。一个人心甘情愿地在困境中，把本来追求精致、上进的精神世界消磨殆尽。慢慢地，工作变成了——我就先待着吧，外面的世界还不如现在这般自在、轻松。

当轻松成为我们衡量一份工作的标准时，是很可怕的惯性。我很讨厌这种可怕的、坏的惯性，给我造成的舒适区。因为它无法为自己增值。

04

我去出版社面试的时候，面试我的有五个老师，着实吓了我一跳。后来我被录取，其中一位面试的老师给我的评价是，觉得我眼中有光。这句话，感动了我许久，也是我下定决心要加入他们的原因。毕竟一旦到了三十五岁，会发现许多词语，比如才华、梦想、美貌、修养等，都过于隆重。如果有人还能看到你的闪光点，并且愿意驻留、赞美，那是生活所剩无几的温暖，以及嘉奖。

我愿意为了这几许嘉奖，而不问岁月几何。

如同蒋勋先生所言，看到那么一群优秀的人，那么聪明的脑袋，高速运转。付出很多，得到也很多。他们都停不下来，换成我，我也停不下来。

我坚信，生活有美的入口，只有审视好理想与自己的人，才可以找到它，那么，自然也可以找到让自己停止运转与摇摆的方式。

而我，也将带着我不必郑重其事的理想，走向更适合自己人生的入口。坚守我钟爱的，放弃与我不再合拍的人与事，我携带着新鲜的理想，轻盈上阵，想走好三十五岁以后的人生。与你共勉。

做得多和想得远，哪个更重要

01

有一个辩题是"做得多重要，还是想得远更重要？"同事们纷纷站队，都认为做得多更重要——你不做，怎么知道自己的不足？想得远的人，都是做白日梦的空想家。

我却有不一样的看法。年轻的时候，人一定要留出来足够多的空白时间供自己思考。之前对于这个问题，我特意采访复旦大学文学系的梁永安老师，问他：年轻人大学毕业后要做什么事情才是最正确的选择？

他回答：如果有条件，建议拿出来一两年甚至更久的时间，四处走走，多去经历，多去体验。梁永安老师在西藏旅行的时候，遇见了三个刚毕业的女孩，正在进行毕业旅行。结果没有路费了，她们开始在西藏寻找商机，发现了一种特别好看的餐具，然后就进了一批货，发给上海的商店来售卖。然后拿着赚到的钱，继续旅行。

她们对他说，同样是旅行，内心的满足感早已不同。

梁老师问她们，什么时候结束旅行，回去考研或工作。

她们回答，等有一天自己想明白了自己是要考研，还是要工作，再去做。但在没想清楚之前做任何事，都有可能会后悔。

其实，就在这个用双眼看世界、想清楚地知道自己是谁的过程中，我们会认识到真正的自我。毕竟每个人都有两个自我，一个是真正的自我，一个是想象中的自我，但人们更容易沉迷于后者。而找到真正的自我，才是重要的课题。

02

在特别年轻，欲望很足的时候，人更容易着急赶路，设定了一个个的目标，努力将之一个个实现。在这个过程中，人会更迷茫。因此，市面上出现了许多管理类书籍或课程，教人管理时间、管理欲望、管理注意力、管理自我，成为更好的自己，把控更好的人生，等等。读了这些书，听了这些课，人们多半还是会迷茫。因为你不知道自己明天会遇见什么，而且时间、欲望、注意力、成功，包括自己，都无法通过管理获得平衡。

所以，人最重要的功课，其实是和自己做朋友。只有了解自己，认识自己，眼前和未来才会一片明朗。

当然也有没有那么明朗的时刻。每当这个时候，我会把人生想象成一趟遥远的旅程，磨难很多，挑战很多，琐事很多，折磨很多，但期待更多，希望也更多。

所有的一切不是仅靠脚踏实地地往前走，就可以活得通透的，反而是需要一边走一边停下来，停停再走，才可以走得更从容、自洽。每个人的智慧，就藏在这个走走停停的决定中。

韩国的一位女演员，演了一部电影，让"野蛮女友"的形象特别深入人心，她也因此声名大噪。之后，很多人来找她演戏，但一一拒绝了，跑到美国去读书，这一读便读了五年。再回来拍戏，她的功底更好了，戏路更宽，角色演绎得也更自如。她总结，如果当时没有去读书，拼命接戏，自己肯定不如现在这般镇定。人可以走多远，不是由运气决定的，而是取决于扎实的基本功。

她赢在哪里？我认为是中止欲望的那个决定。是她敢于放弃的冲动，留给自己一段时间去学习，思考，成长。

03

之前，我总是习惯让自己处于紧绷的状态——争分夺秒地工作、赶路、写作、思考。不敢放松，也无法放松。尤其是第一本书上市后，非常畅销，找我合作的编辑特别多。

我匆忙地写，不敢、不想也不舍得停下。一直匆匆忙忙地写到2019年，看到一个圈内作者在朋友圈炫耀自己五年出版了十几本书，下面的朋友都在评论他好了不起。但私下里，编辑对他颇有微词。

我顿时感到了不安，继而恍然大悟，人真的要沉淀，要有一种深入的决心，把自己真正地沉入阅读和写作的海底，沉入得有多深，浮上来的力量就有多大。

后来的时光，每晚我除了读书写作外，也开始静坐冥想。就在这个停顿的过程中，我发现自己的状态，包括工作和生活都在改变。表面看上去没有从前那么积极，其实找到了令生活和内心都舒服的节奏感。

我能理解一些把所有的时间都用来工作的人，他们要同时去做很多事，但这样的状态无法一直持续。会很累，会疲惫，会否定自己。总会有那么一个时刻，人会突然充满勇气，把自己推倒，重新再来。

可能有人会说这是新的成长，我的理解却是，自己在紧绷的状态里崩塌了，只得缓和下来，慢慢前行。在这舒缓的状态中，终于辨识哪种生活态度才是最适合自己的。

我坚信，人只有不停地靠智慧在合适的时机推倒自己，再爬起来，才能把自己置入更好的状态中。

请你比从前快乐

01

林夏的新书要上市,到最后的阶段,取了很多书名,来找我帮忙选择一个最有感觉的。在长长一串书名中,她说自己最中意"请你比从前快乐"这个书名,我却最中意"你的人生,不只这样"。

她问我原因。

我说人到中年,我觉得快乐没有那么重要了,有许多比快乐更重要的事情,比如责任,比如修行。一日复一日的努力、履责,比快乐重要太多。没有快乐可以生活下去,说不定还可以生活得很好。只是为了快乐,很容易落入陷阱。

她很惊讶。其实林夏与我年龄相仿,但对生活我们有截然不同的想法。是什么改变了我们?应该是阅历。三十岁左右那年,我们都交往了男朋友,男朋友都是航空公司的飞行员,我选择了结婚,她因为一些事情选择了分手。就在那一年,她变动特别大,也辞掉了工作。

其实我和她很少见面,但感情很好。她经常对我说:"女孩,你要好好地生活。你代表了另一个我,另一个没有和男朋友分手的女作者所过的生活。"

02

在我的眼里,她依然信奉快乐至上,平日里她会去酒吧喝酒、蹦迪,会去外地旅行、散心,为了业绩不顾一切,勇往直前。快乐是她的信仰,是一切的基准。我羡慕她一个人的自由、随心。

但我真的有了不同的生活和态度,似乎变得更谨慎,长成了一个胆怯且有顾忌的成年人。无论做任何事情,我都会想这件事会带给身边的人怎样的影响。我会把自我稍微退后一步,去观察,去衡量,再去做一个选择。这样的谨慎,让我身上的冲动被扼杀了,少了许多突如其来的快乐,但也减少了冒失的危险。

我不仅仅是我,我还是一个家庭,一群读者,一个公司部门的管理者。我的快乐重要吗?当然重要,但并不是唯一重要的,也不是选择的唯一标准。还有许多比快乐更重要的东西,犹如暗能量,围绕在我身边,决定了我的抉择。

我的父母很重要,他们现在年龄大了,对我的依赖已超过之前我对他们的依赖;我的孩子也很重要,他还那么小,每晚都需要我抱着才会睡得有安全感;我的先生更重要,他的工作比我的更为辛苦，他是我的战友，我们只有联合起来，才能在这个城市站稳脚跟；我的工作也很重要，我可能有一天会与眼前的工作告别，但是这份工作给了我生活在这个城市的底气，我若要成为更好的自己，都要在这份工作里体现。

03

林夏笑我太小心翼翼，怀念之前我的勇敢与决心。并问我：结婚之后和之前最大的变化是什么？婚后，女人的生活真的只剩下了一地鸡毛吗？

我今天想以这个问题，来回答所有好奇婚姻的朋友们，浅显地表达我的观点。

其实，不只是结婚的人的生活是一地鸡毛。我认为，所有人的生活都是琐碎的、凌乱的。每次我乘坐地铁去上班，看到那些挤着地铁上班，几乎要睡着的年轻人，我想，没有谁的生活永远是岁月静好，像广告宣传页或照片上的那样干净整洁，仿佛无人打扰的空中楼阁。

每个人都有自己的困境，无从选择，只能面对。经常有人说要抵抗命运，但我认为我们都无力抵抗。这不是悲观。我更愿意把人生想象成作家虹影笔下的那条河流，充满苦难、黑暗，也流动着风景、精彩。命运就是水流，我们或逆流、或顺水而行，在每个时间段，都自有安排。

而衡量一个女人是否开始成熟的标识，应该是她生下孩子的那一刻。从此以后，她有了软肋，也有了铠甲。她有了自己要坚守的东西，同时她也有了要保护的人。拥有了孩子以后，我们迅速地成熟了，迅速地长成了更强大的另一个人。

从此，你看待这个世界的角度更为细腻，情绪也更为丰富，不再觉得一切理所当然，每次深夜想在外面买醉，会想起还有一盏灯在等自己回家，便顿时觉得温暖。你会变得更有责任感，这种责任感也会体现在工作中。你会更为他人着想，这里的他人不局限于家人。这些感觉，不结婚，不经历，无法体会。

结婚后，两个人生活在一起，注定要牺牲很多、付出很多，但会得到更多、拥有更多。这些无法计量、无法表达的拥有，都比快乐更重要，也无法用一种感觉来归纳。

不是快乐不重要了，而是仅仅一个词语，已经无法概括我内心所有的感受了。快乐，这个词简单、纯粹，又很奢侈。但它无法成为我感受这个世界好或坏的唯一标准了。

不管怎样，明天以及明天的明天，依然请你比从前快乐，比我快乐，并能真正地感受到你想要的快乐。

你会成为另一个你，
在你不知道的那一刻

01

再见菜菜时，我觉得她成熟了许多。不只是模样的成熟，而是很容易陷入沉思，说起话来更简短、有力。她是我在慈怀读书会工作时的一个同事。第一次见到她，很可爱的圆脸，是个大胃王。跟她吃饭，从来不用担心会剩菜，她就像一个吃不饱的"永动机"。

我们相处了短短一年，她就从慈怀读书会辞职，去做了很多五花八门的工作，销售、金融、培训、广告，等等。她每换一个工作，都会给我留言，描述真实的感受和生活的改变。

我们不常见面，但每次见面，她都会带新朋友，让大家认识。菜菜是一个我所羡慕的高情商的社交高手，因为她总能很快地和人熟络，让人对她产生信任。

02

记得有一年冬天,我们在上海一起过年,那也是我们第一次在外面过年。我们包水饺、炒菜、看电影。初二那天,菜菜说:"我要赶去莫干山,去陪第二个朋友过年。"我哈哈大笑,觉得那个女孩可爱至极,过个年也要呼朋唤友,那么多人可以陪伴。

我们经常在微信里沟通。每次聊天,我都能感受到她的成长与变化。最初,我和她交流时,她是那么青涩,每次给我留言,都是很多条,一条只有一两个字,而且大多是感叹词。

慢慢地,我发现她的留言开始变成了一句话,有时,我问她问题,她不再一个字一个字地"蹦"了,而是连成了一句话。偶尔,我问她问题,她会用长长的一段话来回答我,微信名字改了"青山"。我不知道,她一个女孩在这个偌大的上海究竟走过了怎样孤独的路,但在这个过程中,我能清晰地感觉到她的成长与成熟。

03

再见到她的时候,她剪掉了长发,清瘦了许多,沉默了许多,不再是一个喋喋不休的女孩。

菜菜说,自己也不知道为什么会排斥与人交流。之前那么喜欢社交的一个人,突然就对社交毫无兴致了。可能与工作有关，她的工种是销售，这就要求她要在短时间内与人迅速地熟络起来。

她给我讲了许多故事，其中一个我记忆最深刻。在街头，她看到衣着时尚的中老年女性，也就是她的目标客户，她便会靠近她们，让她们对自己产生信赖感。接下来的时间，她会邀请对方出来吃饭、聚会，进而邀请她们听自己公司的课程。在这期间，没有强制买卖，没有恶意销售，只有分享。她一开始并不排斥，觉得这样做很有意思。

然而，就在某一天，街头一个老太太突然恶狠狠地拒绝了她的帮助，对她敌意满满，满嘴咒骂。她突然觉得很恐惧，收拢了所有社交高手的特长。这件事改变了她，她不再那么"鸡血"，那么奋进，那么想认识很多人。她甚至觉得能和身边的人友善相处，已是最大的成就。

后来，她辞掉工作，去考研。她开始有一个梦想，期待自己能够顺利地考上心仪学校的研究生，然后离开上海。毕业后，在一个安稳的工作环境里，安稳地活下去。

04

我还记得最初认识她的时候，她那种热情四溢的模样。短短几年，怎么判若两人？可能这也是一种成长，认识到自己是一个普通人，能够过好普通的人生，就已足够。人生注定有人闪闪发光,有人默默做事,有抬头仰望星空的时刻,也一定有低头走路的时光。

在这个秋天的下午,一股寒流突然来袭,明明昨天还穿着夏日的裙装,今天就有了初冬的寒意。换上风衣,我突然感觉到了一种压力。

从前很多相处愉快的小伙伴,从我们公司这个平台纷纷飞了出去,寻找自己理想的人生。大家都变得更为坚强、坚定,更能认清自我和未来的路。我很欣赏这些在年轻时,愿意尝试、折腾的人,是他们让世界充满了更多的可能性,让未知多了几分神秘感。

05

但我依然感慨,从一个文艺少男少女到一个沉稳的社会人,中间相隔好像也没几年、几步。仿佛昨日我们还坐在一起谈论鲍勃·迪伦的音乐与写作,今日已在讨论是继续留在上海还是回到家乡;昨日还在一起做梦,今日不仅已醒来,更要快步向前,做出决定。

真的没用几年,这些新鲜可爱的年轻人,就走完了这段晃晃悠悠的青春岁月。我不禁心疼那些漂泊在陌生城市的年轻人,也心疼已走过巨变的自己。

每到一年结束时,我都会感慨:时光真的是无情啊,人生也无情，就在这夹缝中，仿佛我们无形中都成了无情的人。仿佛你必须冷漠、寡淡，与一切事物保持距离，收敛好张扬的欲望，才可以安妥地过完这一生。

但我依然怀念那些从我的生活中退场的老朋友，那些刚到这个城市，充满期待的年轻人，他们仰着脸，拥有莽撞的热情、闯荡的决心、自命不凡的信心，以及认真追求梦想的执着。

但愿你我，不管走多远，走到人生哪个阶段，回忆起来都是骄傲的，而不是悔恨不已。更愿你我，不管身处怎样的困境，都能拥有时刻安慰自己的能力。

做事，要记得
推自己一把

01

2020年的冬天，身边很多作者朋友都在做培训课，各种写作培训课程如火如荼。我也想加入，却没有勇气。其实，2019年的夏天我是慈怀读书会的内容总监，做过女性成长读书会的一系列读书课，销量也非常好。本来是最有基础做课的我，却在2020年选择了沉寂。

沉寂是因为找不到合适的合伙人一起做课，还有就是我觉得自己需要更大量的输入，没有自信再去分享。一旦没有了信心，仿佛就没了一切，根本不敢开始。

还有一个更为现实且真实的原因，当时的我太胖了，生过孩子后，有些自卑，觉得自己无法完成一系列课——需要有人鼓励我。

这个时候，虾虾出现在了我的生活中。我们虽然认识很久了，但彼此并不了解。她鼓励我做自己的课程，说喜欢我的文字。我们一拍即合，立刻创办了写作工作室———一束光。

虾虾赶紧找人设计了商标，然后我列了目录，我觉得我们都没有准备太充分，就已经上路了。

02

最初报名的人只有六个，而且基本都是我的朋友。但我依然每天晚上直播讲课。就这样，我们一口气做了六期，虽然每一期播放量增长缓慢，但人数一直在增多，复购率一直保持在百分之九十以上。感谢那些一直陪着我、听我讲课的人，我给他们输出知识，分享我看过的书，而他们的等待、支持，也给了我力量。

我是一个容易满足的人，并没有特别地想过要裂变，要极大的变量。但我们的学员一直在增长，缓慢地增长，在这个过程中，我的心非常平静。

我就坐在一个小茶馆里，开始讲课，一期一期地分享，一期一期地叠加，我开始感受到一种力量。那种完成一件事的满足感在叠加，喜悦感在叠加，知识在叠加，鼓励和温暖在叠加，一点点积累，鼓励和追赶着我往前走。更可贵的是，我开始自己做课程了，许多平台也开始邀请我去讲课。这些意外的收获，更让我坚信，人只有出发了，才会有机遇，才会有朋友，也才会有收获。没有行动之前，梦想和构建，真的就是乌托邦，浮云之间，遇光即散。

做事，还是要记得推自己一把。推你的人，看似是外界的力量，是条件成熟了，是某种命运的契机，但我感觉最重要的还是自己开始认识到，某些东西必须得到后才能让自己更鲜活。那个推自己一把的人，其实还是自己的力量。

03

大学毕业已经十三年了，我做过几份工作，遇见过形形色色的人。有脾气古怪、出其不意总发脾气的老板，有看似老好人却总是喜欢打击人的领导，有总在说别人却看不到自己缺点的同事，有无比懦弱却一直隐忍的人，有充满勇气却不得不原地踏步的人。

我们因为各种不得已的理由不停地束缚着自己，直到让自己缩到了角落。一边感慨生活让自己变成了普通的大人，一边羡慕身边那些还在不断冲锋的同龄人。

我从之前公司离开的时候，发现身边的人都很痛苦。他们都在埋怨公司，埋怨领导不作为，有时也会来找我诉苦。

一个同事来找我诉苦。他说，待在这里的每一分钟都好痛苦，晚上做梦梦到了和老板吵架。

我说，那可以考虑换一条路走了。

他说，一想到辞职会很恐惧。想到外面的世界应该是精彩的，但是也是模糊的，看不清，内心非常惧怕。所以，不敢换工作。

我说，那继续待着，去忍受，去妥协，去做事，去找到出口。做出成绩，也是很好的选择。

他说，这个公司是没有希望了。

我不再说话。类似这样的恶性循环在职场中并不罕见。很多人都陷入受害者思维中，自己先败下阵来。生活难能两全，我更想让自己永远有探索的精神，保持好的状态，出发，遇见，抵达。但愿我永远不要缩在一个自认为安全的角落里，不肯出来，还不心甘。

04

我打车遇见过一个很有趣的司机，特别有礼貌，也很健谈。他已经四十六岁，之前是外企的员工，被迫辞职后，在家待了大概半年时间。那半年，他情绪非常低落，觉得自己一无是处，脾气暴躁，总是想对身边的人发脾气。

有一天，他发现自己的老父亲在找工作，最后找的工作是帮人在街头卖炸糕。他内心心疼不已，表面却责备父亲："你这样辛苦让我很难堪，其实我能养得起你！"

父亲说："我要多赚钱，然后给你留着。你看你现在这么颓废，我很担心你的未来。"

这句话让他如梦初醒。当下的努力，不仅仅是为了今天，也是为了明天。

他当了司机之后，体验特别好：工作时间自由，能赚到不错的生活费，还能接触不同的人，见识不同的世界面相。他不再怨天尤人，也不再担心自己开网约车会遇见从前的熟人。

所以，做事情真的要推自己一把。推自己一把，就是给自己打开了一扇新的窗口，不然都不知道自己可以成就怎样的事情，可以走多远，可以拥抱怎样美好的明天。

第二章 守护内心的方式

亲爱的你,还好吗?

是不是总有人给你说,要守护自己的内心,要变得坚强,要变得懂事。

要与这个世界友善、和平相处。

要记得不生气,不与他人计较。

要记得带伞,下雨时不用淋雨回家。

要记得自己已经长大,不要再随时随地流眼泪了。

早晨出门要拿好钥匙,毕竟黑夜里没人等你回家。

晚上到家要锁好门,安全是人生的"老大"。

仿佛永远学不会发财秘籍,但一直在努力突破瓶颈。

做不到像别人一样斤斤计较,但心平气和才是真实的自己。

愿你永远有爱自己的方式,并能以这样的方式温暖世界。

新的一年，
你的 flag 立好了吗

01

每到年底，朋友圈都会莫名躁动，各种邀请，各种加群，各种聚会，读书的，卖货的，好不热闹。

每加入一个群体，都会有人问：新的一年，你的 flag 立好了吗？

一些人可能会放出豪言，早已准备好；一些人可能在心里列好了规划，好像不说出点儿 flag，就距离那个更好的自己遥远了许多，就是一个没有准备好的人。

所以，每年年底是最需要认真思考的时间，思考明年究竟想成为怎样的人，想做怎样的事，想突破怎样的舒适区。

群里有个作者朋友说："我新年最大的 flag 就是在北京买房！"

豪言一出，众人皆鼓掌。

结果群主一句"前年的去年，他也是这么说的"，瞬间让此

flag现了原形。

一个女孩说:"我今年的flag是找个男朋友,结果发现我新入的公司,整个部门都是女生,我遇见男生的可能性太小了。"

群主戏谑:"我打算送你一本《单身时代》。"

02

看到别人这么热闹,我也认真思考了很久,在新年第一天写下了十个目标——比如出一本小说、一本合集,比如去布达拉宫、东京旅行,比如游泳减肥。写完以后,翻翻日记,又看到去年新年第一天列下的十个要完成的目标,发现和今年的太相似了。

或者是,这些年,我每个新年第一天写下来的flag都无比相似。

不写下目标,就觉得惶恐不安。写下来以后,还是会按照现实既定的路线走下去,并不会关心flag究竟是什么。有些计划完成了,有些计划的确超出了我的能力范围,有些计划因为懒惰被搁浅了。十个flag,虽然只完成了四个,却依然觉得这一年活得很累。

在新的一年到来的时候,我并没有前往自己心仪的城市旅行,也没有瘦到想要的体重,我也没有成为更快乐的人,除此,因为经历,我比从前沧桑了一些,自然也懂事了一些。

如果成长的过程是不断获得，那我的生活已被许多可有可无的东西塞得满满当当，而我负重前行，披星戴月，却又乐此不疲。每当我松懈时、不满时、焦虑时，自己都想放弃自己的时候，只是一个转身，我又成了女战士。有人觉得我特别励志，而我却觉得自己有时真的很"丧"。

那么，我还和去年一样吗？我问自己。

答案却是不再一样了，今年的自己更多的感受是好多新鲜的东西无法再刺激自己，或吸引着我一起沉浸其中了。比如抖音，最热门的电视剧，新上市的电影，直播间新款的衣物，它们对我的吸引力比我想象中还要弱。我看到无数网上发起求助的人，或身边需要帮助的人，奔向他们时，我好像看到了他们渴望中的某种空洞。

03

三十岁以后，我在某一个时刻突然之间长大了，外物对自己的影响或吸引力变得弱了许多。我更愿意活在自己的小世界里，珍惜独处，珍惜家人，珍惜时间。去做自己擅长且能做好的事情，放弃困扰自己的、无法完成的任务，从认识到自己的平凡，到接受自己的平凡，这是一个漫长的过程。

我没有像从前那般频繁出差，匆忙赶路，也不再患得患失。踏实行走，做好眼前事更为重要。

成熟分两种，一种是生理上的成熟，一种是心理上的成熟。前者是时间的沉淀，后者是境界上的提升，两个成长是不同步的。

我们经常看到十八岁的大男孩，从外形上看早已与成人无异，但内心没有成熟，就不能算"标准"的大人。从十八岁到三十岁，我终于感受到了"而立"的压力，开始警告自己要去做能完成的事情，要多陪伴家人，要把所有关注外物的精力多放在自我成长上。

我修改了我的新年flag，重新写了十个。第一个目标就是带父母去新加坡旅游。当我们不再只想着自己的时候，就是长大了，不再只想把所有的美物一人独享时，想去承担、想去付出时，可能就是成熟了吧？

04

看到一个小故事：一个特别喜欢打游戏的男人，突然得知自己的女儿得了白血病，好在可以医治好。他立刻卸掉了游戏，他不是没有时间去玩，也不是没有金钱去享受，而是他要去承担责任，要去照顾女儿。在那一瞬间，他长成了一个成熟的男人。

我们可以逃进游戏，逃进艺术，哪怕是逃进孤独，都可以将懒惰、真实装起来，对现实的人生不闻不问。或早或晚，但终会有那么一刻，有那么一件事或那么一个人会把你装备完整的一切悄然打碎，让你找到余生要去负责的事情，学会谨言慎行。

或许有人会问我：怎样判断自己是否成熟？想一想，在这新的一年，立flag的时候，我们的规划和目标，是只会为自己着想，还是也开始考虑其他人？是怀着一股热忱和冲动，还是基于现实的考量与思虑，这些就是判断的标准之一。

如果你觉得还无法判断，还有一个判断标准，那就是立flag的时候，你有想过这些事情怎样执行、怎样实现吗？

如果都没有，不如轻松点儿，毕竟flag的含义中也有戏谑的成分，它还有另一个含义——那就是制订计划和完成它，本来就是两码事。

要相信所有的事到最后都是好事

01

有一位年轻的朋友用怀疑的语气问我,是不是自己的运气太差,在北京一直没有找到合适的工作;信用卡还不上,也没有朋友,孤独求索的路上,感觉北京就像一座冰冷的城市;自己一无所有,他人毫无温度……

其实,年轻的时候,我们都一样迷茫,站在相同的起点上,都要走过一段无人理解的路。只是后来,我渐渐明白,决定我们走多远的,是我们在无人理解时的坚持和耐力,是我们在绝对孤独时的心境与心态。

年轻的时候,其实可以允许自己一无所有,可以允许自己挫败、失败。只要记得站立起来,继续往前走就好。因为在那条路上,你付出的时间太短了。没有走到最后,谁也不知道路是怎样的,结果又是怎样的,你究竟充当了怎样的角色。

毕竟，所有事情的发生，无论是好的还是坏的，最终都是好事。如果你发现眼前的事情还没有变好，无法让你内心轻松，备受触动，那只有一个原因，这件事还没有走到最后。

年轻时的我，也是那么着急、焦虑。每当我投入时间、精力去做一件事的时候，我期待它立刻有回报，立即有回响。如果听不到回响，我就会怨天尤人，或怀疑自己的选择，或莽撞地迅速改变方向。

时间就像一块磨石，从不在意我的反应。它用一分一秒，一点点打磨着我的心绪、我的性情，它像雕刻艺术品那般，不慌不忙，不疾不徐。

我因为智慧不足，还无法理解时间的用意时，自然排斥它给我的任何考验。而这些考验都被时间打磨成了美丽的花纹，刻在了我的灵魂里。时间，让我认识到耐心的美丽。

02

我记得那是一个冬天，特别糟糕的一段时间，经历了失恋、生病的自己请假在家休息。就在一个下雪天，我突然接到了公司的任务，要从北京出差去一个偏远的城市讲课。我没有拒绝那次出差要求，但遗憾的是，我并没有赶上公司为我订的早班飞机。正当我焦急、挫败的时候，又接到了妈妈的电话，说爸爸生病住院了，希望我回家一趟。

在两难的情况下，我安抚了母亲，重新买了下一航班的飞机票，坚持到了那个城市讲完课，又从那边出发去了山东，去看望父母。虽然顺利完成了几件事，我当时却痛哭流涕。因为我突然发现人的无能为力，一个人能决定的事情是很少的。

那天晚上，就在我失落至极时，突然想到，当天讲完课后，坐在车上，一个男孩敲我的车门。我打开车门，他对我说："老师你讲得特别好，我都记在心里了。"我很开心地向他道谢。然后车缓缓开走，他骑着自行车跟着我的车走了一段路，那一刻让我觉得特别值得。

这一刻的值得，就是动力，也是成长。生活是由很多细节组成的，如果我只去回想那段经历，可能真的是灰暗无光，但在一片灰色中，总有闪光的时刻，瞬间的温暖。如果我能拾起所有这些微妙的细节，我相信走过的路一定满是感动。

03

后来，每当糟糕的情绪占满心房时，我都会告诉自己，要去想事情的另一个方面，去想得到的，去想美好的。

孤独的时候，我们的感觉几乎一致，但不能一直处在困境里。

一个人的力量有很多种，但最重要的一种力量，是他有能力去拥有自己想要的东西。如果还不能，那就必然要忍受孤独、忍受困难、忍受失落或绝望。

　　其实更多的时候，人的灰心或失望，是因为能力与欲望不匹配时，人对自己本身的愤怒。

　　那个可爱的年轻人对我说，江湖自有它的规矩，他能做的就是逃避。从北京逃到老家，从一个繁华的大都市逃到相对安逸的小城市。可谁能真正逃脱命运的考验呢？不管你是谁，身在何方，它都会拿着时间来测量你是否值得拥有嘉奖。

　　如果你也在泥泞中跋涉，不要着急，不必哀怨，往前走，且不必步步回头。把经历当成生命体验，把自己当成过客，放低姿态，多想已得到的事物，快乐就会多一点。

片刻的温柔，
暖了全世界

1790年，诗人华兹华斯踏上了阿尔卑斯山之旅，他在写给妹妹的一封信中描绘了眼前的景象："此刻，当眼前的景物浮现在我脑海中时，我带着非常愉快的心境仔细思考着，今后每一天，只要忆及这些印象，我便能从中感受到快乐。"

几十年后，诗人依然清晰地记得阿尔卑斯山的景象。他说，我们所记忆的景象，可能会永远留在我们一生的记忆中。每当它们进入我们的潜意识中，便能与我们眼前的困境形成对比，给予我们慰藉。

诗人将这些体验称为"凝固的时间点"。在我们的生命中，会有若干个凝固的时间点，都是工作里最普通的片刻。就是这些无比美好的片刻，让我觉得生命可贵。

01

记得那年从北京来上海工作，内心纠结了很长一段时间。想去上海追寻爱情，又要考虑现实的压力——跨城搬家，还房贷，找工作。没有一件事是轻松的。我把所有的困惑告诉了意林的主编立莉姐。

她说,虽然不舍得你辞职,但咱们意林永远有一张书桌是属于你的。如果你没有成功,记得回来,意林允许你失败。这句话,我一直记得。

02

每次代表意林去讲课,我都会解释自己如何从一名编辑转变为讲师的。我会说,当时老板或主管挑了许久,大家都坚定地认为我可以讲课。我义不容辞地接下了这个任务。我很感谢那个推我一把的人,是他让我站在了讲台上讲课,也是他让我发现了自己的潜能。

多年后再回意林,与大家团聚。主编笑着说,其实当时找了好几个编辑,期待他们去讲,但大家都拒绝了。只有我很热心,迎难而上。啊,我心里想的却是,那我以后再出去讲课,该怎样向听众讲述我转变成讲师的故事呢?

还在意林时,每次到快要交书稿的那个月,我就会格外焦急。于是,我向主管请假,她立刻答应:"赶紧去写吧!你写出来,成名了,也是意林的骄傲。我们是你永远的后盾——娘家人。"

03

国庆节带着妈妈和儿子从北京回上海。

来到地铁,发现没戴口罩,打算去买口罩,又发现机器故障。正当自己束手无策时,来了一个漂亮的女孩,递给了我一只口罩:"嘿,我这里恰好多了一只。你用吧!"

一位男士得知和我们同一目的地,热心地帮我们提包,特意把我们送到了座位上。然后,他又走了好几节车厢,才到自己的座位处。

陌生人给予的感动,持续时间会特别久。之后,每当在地铁站看到有人需要口罩,只要有多余的,我也会递上去。善意如清流,会以它自己的方式传递。

04

去了新公司,内心有些忐忑不安。外面的天气比我的心情还糟糕,一直在下雨。直到某一天的下午,天空突然放晴,虽然是深秋,但阳光明媚,有阵阵桂花的香气飘来。领导突然说,我们一起去外面看看桂花,闻闻桂花香吧!

于是,我们几个人来到了外面的桂花树下,沐浴阳光,仔细观察桂花的花苞上的雨珠。就那么一刻,大家安安静静地与大自然相拥。他们没有说一句话,我却感受到了大家对我的接纳。

05

入职上海书画出版社,正巧赶上社里搬家。部门同事说,以为我会搬家结束了再入职。我说,我提前入职就是来给大家搬家呢!大家哄堂大笑。

搬完家那天,领导在电梯里说:"你辛苦了!刚来公司就跟着搬家。"

简简单单一句话,我感动良久。

06

来到上海,入职慈怀第一件事,就是被许佳琪、安安、金宇、小强、梦梦邀请去吃火锅,泡温泉。实不相瞒,那是我人生第一次泡温泉,感觉非常快乐。我们拍了一张照片留念。

两年后,他们都辞职了,唯独我还在那里上班。他们从不同的城市跑来看我,我们又拍了一张照片留念。对比两张照片,前面那张好快乐,后面那张大家都明显成熟了许多。但不管怎样,在这个冷漠又客气的城市,每次想到他们,心里都很温暖。

类似这样的瞬间,让我想起张枣的一句诗歌:"只要想起一生中后悔的事,梅花便落满了南山。"而我想说的是,只要一想起我们一起看过的深秋桂花,灵魂便觉醒了过来。

人类最高级的行为,在于他们的情感充沛。可以抒发、挥洒、链接，也可以共鸣、感动、留恋。生而为人，我们都要骄傲，但如果感情没有流动，如同死水，那便可悲了。

往后余生，我要积累更多类似的瞬间，只要枕着这些美好且温暖的小事入眠，我就不会孤独到夜色很晚。

中年人，
你得罪了谁

01

朋友向我抱怨一个三十多岁的人还在给他们投简历，真是不自量力。他的抱怨顿时像一只箭一般从电脑屏幕上飞来，插到了我的内心深处，让我很伤心。毕竟从年龄上来说，我也是一个不折不扣的中年人了。

后知后觉的我，曾经以为三十岁是距离自己特别遥远的一个年纪，也是特别恐怖的一个年龄。但我真的走到三十岁，发现这片风景比二十岁的时候要好很多。不从一座山翻越到另一座山，你很难想象自己会遇见什么，改变什么。

你若问我，三十岁和二十岁相比，最大的改变是什么？

我想，应该是心态。大学刚毕业时，超级迷恋面膜，因为广告商都在说，女孩自二十五岁开始，皮肤和状态都会迅速衰老。我抵御这种衰老的方式，就是拼命贴面膜，期待容颜不老。

三十五岁的自己，反而内心平静、坦然了许多。豁然明白，肉体的衰老不可避免，还不如静静地享受岁月每一刻的流逝，享受锤炼精神的愉悦之感。

02

之前的一个同事入职了一家新公司，结果，每天都要加班。他说自己记忆最深的是面试的最后一个问题。人事问他：这里的人都没有那么快乐，节奏也很快，你还愿意加入吗？

他点点头，愿意啊！从此，他开始了每天晚上加班到十点的生活。

我问他：你会一直在这里工作下去吗？

他说会啊，熬着升职加薪，何乐不为？不然到了三十五岁，就会很惨。

好吧，为理想干杯！

可我们的人生是在什么时候改变的呢？记忆中的他，二十几岁的时候，明明是一个很会享受生活、喜欢跳舞的大男孩，怎么突然之间也对快节奏的生活妥协了呢？

就像我，也在三十多岁，换到了一个全新的赛道，开始了拼命加班，毫不爱惜自己的节奏。

三十几岁的年纪，应该是人生的黄金时期，我们比许多年轻人仿佛更有力气。这力气，源自生活的压力，也源于自己对生活

的认知。因此，仿佛这股力气特别理直气壮，可以命令我们去做很多事。

我曾以为自己的未来一定会与众不同，却在三十几岁活成了街头最普通的那个人。朋友对我说，你错了，明明你是到了三十几岁才开始接受自己不过是个普通人的事实。

03

直到我读了《基层女性》，去采访作者王慧玲。

王慧玲出生在特别贫困的农村，19岁时，她拿着240块钱来到上海打拼。第一份工作是卖袜子，卖了三个月的袜子，被人打击，遭遇冷漠。但她感谢这份工作。因为这段经历，让她认识到真实的人生，而她想在这个城市生活下去，就必须努力赚钱。

为了多赚钱，她跑到茶坊工作，用一个星期的时间，记住了所有的茶水单。此后，她又自学了日语。之后，她使用一款交友软件，偶遇了一个外籍男友，两个人特别相爱，最终收获了一段美满的姻缘。

在她尝试的过程中，有人嘲笑过她的不自量力，有人怀疑过她是否能实现自己的目标。而她只是努力去做，不问东西，也不抬头听别人的非议。她说自己看似幸运的背后，每一步都走得异常艰辛、坚定。她坦诚地说，自己并没有年龄的焦虑，任何年龄都是美好的，也都有自己该做的事情。

真好！通透的人早已看破所有的人生真相，还能热烈地爱着，勇敢又特别。这个故事鼓励了我，也让我更坦然地接受了此时的年龄和境遇。一切都还来得及，哪怕再增加二十岁，其实也有那个年龄阶段与众不同的美。

04

古人说，养小孩要"蒙养"。意思是，不要早早求得结果的呈现。越晚开蒙，根系长得越好。他们要背诵很多古诗、古文，让这些经典的东西长到心里面，随着时间酝酿、生长。最开始不理解也没关系。到了某一个年龄阶段，他自然会理解。

写作、绘画、钢琴、文学，这些学科，都需要下深功夫，它们都有一个共同点，就是非经历过岁月的沉淀不可。技术层面的东西，只要经过严格的训练，其实都可以入门。但真正的厚积薄发、真正的功夫，需要时间的积累，需要体会内心与世界的关系，需要审视自我。

我曾经采访过杭州一亩宝盒童书馆的创始人，她表述过这样一个观点，说人在三十五岁以后，身上的成长性，决定了他会过什么样的生活。一个人内心世界的丰富性，决定了他能走多远，也决定了他会成为一个什么样的人。

我亦相信，有些工作也是非经历过岁月的沉淀不可的。一个公司，年龄阶段的分布越均衡，越成熟。有年长经验丰富的，也有年轻充满活力的，才完整。

所以，年轻人，不要着急。万物并作，把一切交给时间，自有你的来去与得到。时间的沉淀和爆发，一定不是在三十五岁这一年才会结果。但我们要有足够的耐心和力量，去抵达远方，不问岁月几何。

生活的功课，
是接纳真实的自己

01

我应该是在三十几岁这一年成熟的。那究竟是三十几岁呢？应该是2021年，我三十五岁这一年。随着年岁的增长，我已经不愿记得自己究竟几岁了。仿佛时间模糊一点儿，再模糊一点儿，它对自己的威胁就少了许多。我也可以假装不在意自己几岁。

三十五岁，这是一个还没有老，但也不再青涩的年纪。心变得非常安静，能够沉静下来做很久的事情，不会觉得疲惫。四目望去，都是喜欢的人或事物，但还是觉得孤独。没有时间、心力，可以将喜欢的东西做到更好。

一个周日的下午，我在琴房弹钢琴。老师说：你弹三个小时了，虽然弹得并不好，但我能听到你的进步。

"进步可以听出来吗，老师？"

那个比我还要小六岁的老师，仰着她的娃娃脸认真地对我说："当然可以。其实我听你说话的声音，也能听出来你有没有进步，有没有在认真练琴。认真的时候，整个人会不一样。"

这一年，我学钢琴、练书法，开始认识到自己不能做好所有的事。每当自己因为拙笨而无法弹奏一首完整的乐曲时，我会失去所有的耐心，暴跳如雷，但我并不觉得沮丧，也不觉得一切理所当然。我所得到的一切，不是理所当然；对于失去的事物，我也不会懊悔到不能入眠。

02

从二十几岁到三十几岁，我变了，变了很多。我亦相信每个人在这十年的时间都会改变，甚至是剧烈的改变。变成一个你不认识的人，一个面目模糊的人。

二十几岁时，我想象过自己三十多岁的生活。一个人，怀抱着写作的热情。不算富有，但也不至于流落街头。每天抱着电脑在屋中写作，看很多书，四处讲课，出差去很多城市。想象着自己应该是那种时常觉得很孤独，但又找不到可以共同生活很久的人。

而走到三十五岁这一年，一切都与想象中不同，我成为别人的妻子、妈妈，生活日趋稳定。三十岁时，我还有勇气为爱情奔走、蜕变。三十五岁时，我还是愿意为了梦想换一种生活方式。

唯一相同的是，现在的我，依然珍惜写作的热情，珍惜写作的能力。很担心日常的生活会碾碎我所有的时间，拼不出一个完整的自己。孩子、工作、生活、梦想，想要完成的项目，未做完的事情，层层叠叠，就在我的面前展开。

有时，我会很沮丧。想见的朋友，怎样也约不到合适的时间；想去看的画展，一次次搁浅、错过、拖延；想去采访的人，日期被一次次更改。我要计算公司的报价、结果，反复衡量价值。但沮丧之后，还是要抬起头来，继续前进，并告诉自己，学会慢慢熬，懂得熬的意义和价值。

三十五岁这一年，我失眠比从前更严重了。失眠的夜晚，窗外灯光闪烁，上海这个不夜城美丽又神秘，仿佛从不肯属于任何人。我时常在想，那些睡不着的人在想什么？他们喜欢看天空中的星星还是月亮？或者什么都不喜欢看，只喜欢对着电脑工作？

有的时候，我会很怀念从前的生活，想念意林，以及之前讲课的每个城市、每座学校、每个学生，想念那时的自由。一个月连轴转，并不觉得累。每晚看书写作，心思纯粹。仿佛从未为钱发愁、为现实不安，即使一个人，也满身力量。

03

三十五岁这一年，我总听到耳边一直萦绕着音乐，很轻很轻的音乐，没有歌词，无人唱歌；开始有许多书友听我的课程；看我直播的朋友们给我留言,说好奇我的生活,以及生活中的我。

我只是一个普通的女孩,出生在甘肃张掖,在山东菏泽长大,大学读书去了成都,毕业后又跑去北京,在北京工作了十年,现在定居在上海。是的,我简单的生活就藏在这几座城市中。但不管哪一座城市,对我来说都是陌生的。

我理解中的上海,是一座喜欢年轻人的城市,它热情地张开双臂,欢迎人们的到来,也会冷漠地看着每一个离开的人,并无任何眷恋。但它依然美好,令人充满幻想、冲动。每次下班,路过虹桥,我都会认真看外面的灯火,并感叹一句:"真美!"有多美?美到你不想占有它,只是陪着它看黑夜,也会很舒服。这种恰到好处的距离感,接纳了每一个内心有疏离感的漂泊的人。

生活中的我,大大咧咧,只是随着成长,内心越来越伤感,表面却越来越乐观。似乎总能瞬间看破他人的隐藏,也能原谅所有人的撒谎与伤害。仿佛自己变得越来越坚强,越来越平静,哪怕有几分是假装,也显得如此淡然。

我在时间和现实的捶打中,一秒秒老去,但我也在一寸寸生长。从我拥有宝宝开始,我的身体开始发生明显变化,但我慢慢在用自己的方式与衰老和解。阴雨天时,我摸着肚子上的疤痕,再看看身边可爱的孩子,发觉生命的不可思议,读懂拥有与付出,永远都遵循能量守恒定律。

三十五岁这一年,周遭的一切开始缓慢起来。我感受到了,看到了,我不再喜欢那种把欲望写在脸上的女孩,也不再喜欢慌张赶路的人。

  我告诫自己,不要贪心,不要太多欲望。纵使外面烟火璀璨、喧闹,我依然独爱与文字交流,与自己安静相处的感觉。我想,这就是漫长的时间带给我的成长以及成熟。

第三章 走向另一种理想的生活

陶渊明在东晋时的理想生活,传声到此时。

依然有人在寻觅桃花源,以及它所代表的生活美学。

仿佛某些人天生就有灵性,总有独特的视角、方法、感受。

果实不会凭空而结,他们摸索过,做过功课。

将喜好磨成了天赋,无形之间令人羡慕。

不用过于羡慕,想象他们代替了我们,过上了想要的理想生活。

也是一件值得祝贺的事情。

写作，
勇敢者的游戏

01

有一个作者朋友问我：写作最难的是什么？

我有点儿惊讶。作为新媒体写作者，她比我经验丰富，也比我上稿过更多的大平台。但她的困惑，我觉得是一种必然，也与行业有关。新媒体发展如火如荼，转眼之间，好像大家都把自己的头衔改成了作者或作家。

只是，写作不是一件容易的事情。随着新媒体的发展，会发现很多人的文字和主题，越来越像，趋于一致。再看几个大平台的栏目设置，也会发现很多编辑的思维如出一辙。文学贵在它的丰富性、独特性，当许多文字趋于一致的时候，代表了一种重复、敷衍，也就意味着这种文字不再那么珍贵。

之前，我也和几个公众号的老师们探讨过这个问题。他们也有过同样的困惑、迷茫，自2019年开始，公众号的阅读量严重下滑。屋漏偏逢连夜雨，市场没有给大家走出迷茫的时间，短视频传播形式，又重重地让公众号跌了一把。

这让我想起了采访过的作家张悦然老师。

我问她，别人都在各个平台表达自己的写作观点、写作状态，展示生活，你怎么不赶紧加入？

她回答说，我更愿意把时间投入到文字写作中，我的任务就是写小说，深刻地触摸文字。不可否认，视频或短文的传达，也是文学创作很好的方式，但是我擅长的是写小说，讲一个好的故事。这需要时间的沉淀，需要我全心投入。虽然这个时代坚持写小说，可能永无出头之日，但我还是要去写。写作，是我的出口。

好的内容是立身之本，是我们与其他写作者最根本的区别。因此，我们每一个写作者都要把更多的精力用来打磨内容。

02

怎样打磨内容？这又是一个深奥的话题。写作者最难的，不是写别人，其实是真诚地面对自己，写自己。写自己，意味着你要观察自己。把自己拿在手里仔细地打磨、端详，意外地发现自己的陌生、新奇。在这个过程中，你仿佛脱离原来的身体，成为两个人。一个是在现实生活中的自己，一个是活跃在理想生活中的自己。两个人要"打架"许久，才能认清彼此的可贵，认识到该落笔写谁。

写作者最可贵的是去记录日常。让世界成为你的一部分，而不是你成为世界的一部分。把每天的生活中最触动你的那部分、那个瞬间、那个细节，写下来。坚持一段时间，你就会看到自己与众不同的表达方式。

除此，还要大量阅读，培养属于你的阅读节奏和语感，好的作品、坏的作品，都很重要，都值得一读。好的作品，让你有所期待，心有所向，值得反复阅读；不好的作品，让你明白哪些弯路可以绕开。当然，我认为，好作品和坏作品是没有绝对定义的，用个人的体验定义一本书，这样对写作者是不公平的。

毕竟，写作真的是一件很难的事情。为写作而困扰，是写作者最值得自豪的。反而那些对写作特别有信心，每天能写一万多字，但写得稀里糊涂的人，我认为才是最应该反思的。写作，不是堆砌，而是我们逐渐看向内心的过程。

读老舍的作品，对其中的一个故事记忆深刻。梅兰芳大师介绍盖叫天的作品时说，一个演员的表演技术是由少到多，又由多到少的过程。三十多年前，他看盖老的戏，恰好是最多的时刻，现在再看，已达到了炉火纯青。

这就是艺术修养的一个规律。作为一个文艺工作者，都要经历这样一个阶段——初学时，本领少，经验欠缺，因此要求自己要多去学习，多去见识；到了中年，本事逐渐增多，反而要收敛、控制自己，由此从多到少。

03

有人也许会好奇,写作者的天赋重要吗?

我也问过复旦大学比较文学专业的教授梁永安老师:写作有天赋可言吗?若有,天赋占了几分?

他坦言,自己教书三十年,认为写作者是真正的艺术家。需要时间的积累,全身心地投入,他们的眼睛就像电影播放器,看向四周,到处都是可以用文字来记录的对象。写作中,"天赋"这两个字,几乎决定了一切。勤奋的写作者,"勤奋"这两个字,也是天赋所赐。不热爱,很难投入,很难坐在书桌前,也很难开始。

写作没有那么简单,写作向来困境重重。外在的浮华,内在的慵懒,都会牵扯写作者的状态。我们不可避免地会走向偏路,偶尔会丢掉初心,或自暴自弃,或全然放弃。但我还是期待每一个写作者都能正视自我的需求,实现心中所愿。写作,也是勇敢者的游戏。

一颗治疗
夜晚睡不着的药

01

每一个失眠的人,都有一个故事。故事放不下,人生过不好。

我也是一个严重的失眠症患者。当然,这没有什么可骄傲的。我的失眠应该是多思造成的。凡事都有好的一面,也有不好的一面。多思的缺点是让我敏感、脆弱、失眠,优点是让我细腻、善良、丰富。

最初失眠的时候,我应该还在读大学,但当时并没有意识到自己是失眠,还曾洋洋得意,自己可以比别人清醒的时间久,可以多看书,写作,仿佛多活了几个小时那么开心。时间久了,我也就习惯了失眠,习惯了在夜晚遇见另一个深邃的自己。睡眠,真的是我的奢侈品。后来我发现,自己可以在车上睡着,几乎每天上下班都打车回家。一个司机还曾好心地提醒我:小姑娘,加班到这么晚,还要在车上睡觉,可要小心。

一天晚上,失眠的我发了一个朋友圈,建了一个群,叫"失眠的人都是星星"。没想到,不一会儿,加入了很多朋友。原来失眠的人这么多。突然间释然,那么多人失眠,或许没有故事,但一定有心事。可能只是因为压力大,也可能只是自己想和自己待一会儿。

我在群里问:凌晨三点了,大家为什么不睡觉?

每个人的回答都很有意思。

有人说,我是被你写的这个群的名字吸引来的,想来这里看看星星;有人说,失业了,怕找不到好的工作,担忧到无法入眠。有人说,明天要结婚了,激动得睡不着觉;也有人说,现在英国读书,不是失眠,但自己的生物钟还是北京时间。

就这样晃晃悠悠,天亮了。我也睡着了。一觉醒来,已是上午十点。

02

经常夜晚睡不着的经历,让我重新认识了自己,认识了身边的人,认识了生活的真相。白天,在阳光下,看不出人内心的缝隙里究竟闪耀着怎样的光芒,到了夜晚,那缝隙似乎越来越大。想倾诉的欲望,想展示的情感,都在夜晚倾泻而出。

我喜欢黑夜，它给了我无限的灵感，丰富的东西都藏在夜里，我的故事、我的文字都是在夜晚写出来的。白天，钝感让我显得有些冷漠、无力。夜晚，真正的我才会苏醒。醒来记录、书写。

有时，失眠的我会给一个朋友雪野老师发信息，会意外地发现他也在失眠。就因为经常失眠，晚上可以聊聊天，我几乎把他当成了自己最好的朋友。

后来发现，雪野老师只能是我的最佳损友，我无数次想放弃又不得不捡起来的朋友，无数次出现在我的文字里，却组不成一个完整的故事。雪野老师几乎要到不惑之年，但依然单身，且十分挑剔。可能大家会以为他失眠是因为某个女孩，大错特错，他是为工作常常失眠。其实，成年以后，大多数人疲于生计，很少有人因感情问题而失眠。只是忙碌工作，活下去，就已让人难以应对。

有段时间，我和他经常去咖啡店见梁永安老师。他问梁老师，自己单身很多年，很难爱上一个人，常常怀念从前的女朋友，是什么原因？

梁老师避开了重点，没有给出他怀念前女友的原因。反而说，未来会有许多人都单身，我们这个社会需要许多老光棍，一些敢于一辈子单身的人来见证历史。历史需要这一批人，来活出单身的多样性、丰富性、独特性。你要勇敢地去见证历史，活得更好，让那些结婚的人羡慕你的状态。单身没有不好，不安于单身会很糟糕。梁老师的这些话,安慰了雪野,给了他许多力量,也成了他一直单身的信念与支撑。

03

在我的朋友圈里,还有一个基本不睡觉的"失忆张"。他更是夸张,几乎每晚都失眠。白天忙工作,晚上忙失眠,我真的要给他的精力"跪下"了。"失忆张"特别帅,有多重身份,是电视台的主播,也是自媒体创业者,还开了烧烤店。每天忙着赚钱,忙着健身,基本没时间恋爱。每当我对生活有一些困惑时,我都会翻看他的朋友圈。活得很阳光,很干净,纯情又天真。

我问他,你失眠的原因是什么?是因为之前的主播工作是夜间电台吗?

他说:"啊,我这是正常作息啊,朋友!我不分白天与黑夜,困了赶紧倒下就睡,睡到一半,突然想到自己还有一些事情要做,赶紧起来就做。一看时间,前后睡眠不足两个小时。我这叫睡眠时间不足,不叫失眠。"

我经常失眠的朋友真的很多,每个失眠的人都有一个故事,一种心情。而作为那个常在夜晚醒来的人,我已经把深夜当成了朋友。只有在世界特别安静时,我的灵感才会涌动出来,流到我的身边。我跳入那溪流之中,把河流引入我的文字里。

我感谢深夜,也不排斥失眠,我甚至没有想过去看医生。

"失忆张"说，我们真的挺好的，该睡的时候倒下就睡了，醒来后就赶紧工作。

愿每一个失眠的朋友，睡得尽情、愉快。

愿每一个人都能睡好，因为睡好的人才会有更好的生命体验。

# 每个有梦想的人都需要一张书桌

01

伍尔夫在19世纪就写下这样的句子:"一个女人要想写作,她必须有钱,还要有一间属于自己的房间。"顾名思义,你想要写作,就要为自己准备一个心灵的空间,一个外部的基础。

一句简简单单的话,不仅风靡到此刻,更是影响了现代女性的生活观念。除了爱情,我们女人还可以干点儿其他的事情。比如去赚钱,去买一所属于自己的房子,让自己拥有自由;再比如去拼了命地搞事业,让自己强大,这样就不怕丢了爱情或其他。

我深受这句话的影响,二十几岁时拼命赚钱,唯一的目的是要买房。直到靠前几本书的稿费买了房子后,内心才算稍微安定一点,写作也仿佛多了一些底气。

02

后来读到钱佳楠的故事，也是唏嘘，不禁泪目。写作者不易，尤其是当一个女人决定以写作改变命运的时候，她就是一束光，充满着神秘的力量。18岁时，钱佳楠被复旦大学提前录取，19岁时，短篇小说《西村外》荣获复旦大学"望道传媒奖"。毕业后的六年里，白天，她是上海市世界外国语中学的教师，晚上，她回到只有十平方米的住处开始阅读、写作，一直写到凌晨。睡眠不足三个小时，又要去赶早班地铁。

她深知，写纯文学的人，靠稿费根本不能养活自己。大部分人需要一个正职，从而在业余时间写作。因此，她在个性签名处写道：在白天，我什么都不是，到了夜晚，我才成为我自己。六年后，她让父母搬进了宝山的公寓楼，而她，放弃了稳定的工作，决定去艾奥瓦大学攻读创意写作专业硕士。

有人劝她，你只需要写好上海的人物、故事，不必那么辛苦，跑那么远。

她却认为，自己还是要去闯一闯。

钱佳楠回忆自己在大学读书的经历，说："那时我一个小时的英文阅读极限是7页，而我的同学是30到50页。我有减免睡眠的自由，有强记硬记的自由，也有暂时戒掉娱乐、聚会、野餐的自由；我更有呕心沥血、绞尽脑汁，拿出稍微新一些的书进行阐述和写完作业的自由。当然，我也有完全的自由，去做一个亭子间里的小作家,在做功课和打工的缝隙里写写小块文章,拼凑报纸版面,去挣房钱、粮钱。最有价值的自由,应该是小说选材的自由。"

在这些可敬的女作家为写作寻找缝隙时,我再审视自己的生活,如出一辙。

白天上班,晚上洗澡结束后,一个人坐在书桌前,灵感就会迅速地来到我身边,它们是那么灼热,那么急切,你必须拿着笔记录下来,不然它们就会消失不见。可白天的工作已经耗费了我大部分精力,于是,晚上写作时,经常写着写着就睡着了。你不要以为我辛苦,我倒是蛮享受这个过程。写小说、写书,包括我一期一期去讲文学的课程,并没有为我带来特别大的经济改善,但我依然坚持去做,因为我享受这个过程。

如果只用一个词,诸如成长、励志等类似的词汇来概括我对文学的热爱,未免肤浅。就是这些文学小说,以及写文学小说、散文的过程,滋养了我,熏陶了我,感动了我。它们免去了我的舟车劳顿,拿掉了人间凶险,让我看到了生命美好且清扬的一面。

03

陶立夏在《又是愉快的一天》里写道:事情总会有转机。比如翻译一本书,无论开头如何艰难,只要坚持到一万字,后面就会变得顺利起来。当然,所有的阻碍依然存在,因为作者的风格将贯穿始终,只是你已经习惯了它们的形状与气息,开始觉得艰难也是动人景色的组成部分。

写作也是如此。开始去写,尤其是前面几万字,是最为艰难的。一旦写到三万字,仿若新生,灵感四溢,故事纷沓而来。一直到结束的时候,又会停顿下来,觉得之前的文字有些生涩,需要一遍遍修改。每当有类似的感受时,说明自己进步了。

你若问我,在这些女作者写作的过程中,那间只属于自己的房间存在吗?

从表面上来看,我认为很难存在。生活太琐碎了,生存满目困境,有一个专门用来写作的房间或桌子,未免奢侈。张爱玲的晚年,所有的行李不过一个皮箱就能拉走。有记者打来电话采访,中间说到上海这两个字,她停顿了半天,似乎陷入了沉思,最后说了四个字:恍若隔年。

一个见识过繁华落尽的女人,终究明白,自己内心的智慧才是最好的行李。

万物皆可抛,唯有慧力忠诚于自己。它让你有好的抵抗能力,抗压能力。它让你从容不迫地去应对,去攀爬。与其说每个想要写作的女人都需要一间自己的房间,不如说她们都会有一间自己的"暗房"。里面装满了期待、尝试、汗水、付出,有翘首以待的成功,也有被拒稿后的失望与无奈。房间内里情绪丰富且缠绵,只能你一个人去走,无人可替,无人指路。

你正忍受的孤独,也是另一个人正在历经的黑暗与光明。

把梦装进了生活的"暗房"

01

金山住着一个艺术家,是一个萨克斯乐手,妻子是建筑师。朋友介绍的时候,说他德高望重,天赋极高。因不想忍受上海市区的喧嚣,特意搬家到了郊区——金山。以两个地方为家,一个地方靠近河流,可以用来画画、练歌;一个地方就在村落的中心,设计成了住的地方,可以收藏他的音乐器材。

我听了他的故事,无限向往。不停地催促雪野老师,带着我去采访这位萨克斯乐手。

于是,在夏天的一个周末,我们到了金山,等到老师的家,却发现他穿着服务员的衣服,正在忙碌着端菜、倒水。这画面和风格,与我想象的完全不同。

通过与他的妻子攀谈,才得知本以为搬家到了金山,会生活在想象的诗意里,结果却大相径庭。

原来，在过了一段冷清的日子后，丈夫一时兴起，把两处房子改造了一番。其中靠近河流的这处，改造成了餐馆，找到了他两个大厨朋友，做了几道名菜，一不小心远近闻名，许多人慕名而来；村落中心的那一处房屋，从艺术家工作室改造成了民宿。因为那座村庄，是上海市区的人周末爱"晃荡"的好地方。这位艺术家发现大家根本不关心自己的工作室和萨克斯表演，好像更关心住宿。爱热闹的他，立刻改造了房屋。由于选址特别，菜做得好吃，服务周到热情，他们的店迅速火爆了起来。

郊区不好招服务员。于是，他和妻子充当了几天服务员后，发现作为完美主义者的自己，比其他服务员做得还好。从此，他们就被这两个房子牵制住了。没时间旅行，也没时间做自己。如果不继续做，有些可惜，继续做，需要投入更多精力。

两个人亲力亲为，每天都会累到抱怨。本想逃离市区的繁华，却一不小心又把郊区生活打造成了和市区一样的模式，每日忙碌、操劳。趁着休息的片刻，他会来到一个走廊的角落，那里放着他的"武器"——昂贵的萨克斯与乐谱。他站在乐谱面前，一边哼唱一边休息。哼唱到一半，又听到有人："这边要加菜，服务员！"

"来啦，来啦！"他热情地回应道，慌忙从走廊往客房走去。

他说，自己经常会去电视节目做嘉宾、做评委。前段时间，他被某电视节目被邀请去做评委，妻子不同意，说自己无法一个人支撑生意。他只好作罢。他说这句话时，有些痛心、遗憾，取舍并不容易，结果要自己默默承受。

02

他有两个女儿，都是学音乐的。一个在国外读研究生，一个在国内读上海音乐学院的声乐系。生活自然是美满且幸福的。他对我说，自己辛苦一些，多赚一些钱，女儿就可以少辛苦一些，这是他心甘情愿辛苦付出的前提。活到五十多岁，属于他自己的所谓的天赋不重要了，演出不重要了，重要的是，女儿能活在梦想的生活中，发挥好她们的天赋。

我问他，那你的梦想怎么安置？

他说，我把梦想放进了一个"暗房"里。有时也会偷偷去看它。比如晚上失眠的时候，比如没有顾客的时候，我就会来到那个走廊里，背那些乐谱，偶尔给识货的客人吹一首曲子。他很享受这个过程，但这样的机会少之又少。他可以施展自我才艺的空间有限。萨克斯毕竟属于小众音乐，他无法强迫所有人都来听，且听懂。

"但没关系，"他说，"女儿正在国外演出，正在延续我的梦想。而且，她的音乐水平越来越好，现在，我几乎挑不出毛病。"说这话时，他的脸上浮现出自豪的神情，但很快，他又低沉地叹息道："也有一种可能是，我的技艺水准正在下滑。"

毕竟，烦琐的生活碎片透支了他的才华，人来人往的旅馆无缝不入地潜入了他的生活。他并没有麻木，心里还热爱艺术，却无力全身心去做这件事。

"梦想和生活都很重要。同等重要。"他说,"无法舍弃。"

我问:"有想过要关掉餐厅或民宿,专心致志地吹萨克斯吗?"

"不能。"他说道,"但我相信女儿会有这个可能。我正在牺牲自己的梦想,为女儿创造可能性。"这个餐厅有几道菜特别美味,他的音乐家朋友们也会慕名而来,围坐在一起。他喜欢这种热闹。如果没有这个餐厅,他似乎少了许多与朋友们相聚的理由。这些比他演奏萨克斯音乐,好像还要重要一些。如果没有民宿,他根本赚不到钱,就无法支撑两个女儿高昂的学费。

慢慢地,他突然想明白了,自己来金山并非逃避一种生活。他来到这里,是来经历另一种生活的。把一个人放在任何地方,他都会按照自己的生活方式去摸索,然后画出他的生活版图。他会按照内心的想法,重新复制一个全新的自己,继续去经历从前的生活。

虽然已五十多岁,依然可以感觉到他眼中的光。采访结束时,他用萨克斯为我们吹了一曲《高山流水》。知音难觅,但更难遇见的,其实是自己。

03

中年以后,人仿佛都会有一个"暗房"。用来装载秘密、梦想、过往等一系列无法实现的事情。随着年岁的增长,梦想纷纷散落，但千万不要忘记，正是它们催生了与众不同的你。它和生活同样重要，也和你一样，曾闪闪发光。

　　昨天，我们还在探讨，为何到了三十岁后，会发现时间特别快。二十岁时，人生长路晃晃悠悠，时间是按照天来计算的。三十岁时再看人生，已燃了一半，梦想很远，做事力不从心，难免焦虑。只好把时间掰开来数，来计算，每一分钟都被要做的事情塞得满满当当。

　　认真做事的时候，时间飞逝。

　　啊！为了这飞驰的感觉，为了这不易的中年，这杯酒，我先干为敬。

生活，就是从一座山走向另一座山

01

经常有人问我，工作那么忙，白天上班，周末出差，你怎么写作？

答案是满怀辛苦路，挤出来时间写。更重要的是，做的过程中，无问西东，不徐不疾，按部就班地去完成。

记得上一份工作心很累，工作内容杂乱，同事们每个人都手忙脚乱地做着自己不擅长的事情。导致公司许多业务一直停滞不前，同事们的士气也一蹶不振。

直到一日的晚上，我刚出差回来，加班到很晚，老板找我谈话了三个小时。出门一看表，十点，又看到天空很多星星，那么自由、闪烁，各自有独特的星轨，各自自由梦幻。

而我这颗星星仿佛生了锈，被锈在了一个本该离开的空间里。无法突破自我，或已忘记自己究竟是谁。这种感觉折磨了我许久，我始终没有绝对的勇气来改变自己。成年后，会发现对与错，是与非的界限很模糊。在任何一个灰度空间里，都有被接受的正确性。就在那个夜晚，我决定离职，打破自己混沌的状态。

我决定放下这一切，辞职，归零，重新开始。人在辞职时会发现，任何人都有可替代性，没有谁是不可以离开的。

我收拾这几年自己买的书，为出版社直播、宣传的书，至少几百本。一本本搬离时，内心很伤感，仿佛费心费力地为别人做了几年的嫁衣，却不能在告别的时候带走它。之前公司每次有人辞职，我都会去送他们。但我走的时候，是一个人默默离开的。离职的时候，还是想一个人默默地走完最后一段路。

02

接下来，我休息了很长的一段时间。凭空多出的时间，让生活开始有些空荡荡的。但我很享受那段时间，每天在咖啡馆里看书、写作，在茶馆里准备课件、讲课。我谁也不想见，只想让自己像鱼一样，畅游在书的海洋中。也就是在这段时间里，我做了许多自己之前想做却没有时间去做的事情。

我爬了黄山、九华山、乐山等许多大山，也去了云南、贵州、西藏等一直向往的地方旅行，重新看了敦煌、丹霞。一边走一边写，一边思考一边收获。我发现人在求知的路上，内心非常安宁。

其实，我曾在梦中无数次梦到九华山。梦里，我抱着一个小女孩一直奔跑，突然有光闪现，我抬头一看，居然是九华山。但我从未来拜访过。于是，我买了车票，立刻赶去。来到九华山下，我二话不说，先磕了几个头，根本不会顾及他人怎样想我。

看黄山的时候，我认识了几个驴友，有男孩也有女孩，他们骑着自行车，给了自己一个"间隔年"，去做自己想做的事情。他们邀请我加入，我一时兴起，也想加入，但又突然想到自己的书稿以及最想做的事情。于是，我只好挥手与他们告别，继续平静地回到我的小世界，坐在离家最近的咖啡馆里，看书、写作。

中间，我拒绝了许多次聚餐活动，几乎不购物，一切从简，把所有的时间都用在写作上。之前写作，总是会被打扰，而这次写作，思路是完整的。写得投入，速度也很快。

写作时，开始莫名羡慕全职写作者。曾经，我无数次建议写作者，不要做全职作者，不是冒险，而是会凭空少了许多生活素材。我一直认为，写作也是交互运动，我们在工作的过程中，会接触到很多有趣或匪夷所思的人或事，这些对写作者来说，格外重要。

我那段时间写了许多书，后来上市出版，陆续被邀请去讲课或做分享，忙得不亦乐乎。也因为出书和分享，我顺理成章地找到了新工作。我又进入了特别忙碌的状态，空荡荡的感觉被填满，我也因此失去了自由。

工作或人生在我看来，真的是从一座山走向另一座山。就这样不断攀爬，不断探索，直到终点。没有什么东西可以永远占有，也没有什么会一直失去。在占有和失去之间，我们也成了不一样的自己。

记得刚大学毕业，去一家著名的书坊工作室去面试。总编看着我的文字与画，拒绝了我："你的画和文字都有些稚嫩，我们需要更成熟一些的创作者。"当时的自己很沮丧，下定决心，要在书和画的创作上做出成绩。

三年后，书坊的总编来邀请我加入她们，一起做点有价值、有意义的事情。她可能已经忘记了我是谁，但我还记得她。我没有说破。我深知，不是时间的推移让她认识了我，而是在时光的洪流中，我一直在默默努力，向着她曾说的那个标准前进，并超越了它。从无到有，从陌生到熟悉，从否定到肯定，其实是一个过程。耐心真的是个好东西。

黑泽明导演在书中写道："如今年轻人刚起步，就在琢磨赶紧到达终点。但如果你去登山，教练会告诉你头一件事就是不要去看峰顶在哪儿，而是要盯着你脚下的路。"

工作十多年了，我的写作、创作、工作、生活，都是这样不停地从一座山走向另一座山。不要觉得当下一无所有，很多东西其实是在你勇敢坚持或义无反顾地放弃以后，才出其不意迎面接收到的礼物。在行路的过程中，首先要学会舍弃，才能更好地珍惜拥有。

如果把人生拉长，你会发现得失无常，一切都是公平的。人

生这条路上，未来和过去无不大雾弥漫，我们唯能看清的其实是眼前的路。

想翻越眼前的这座山，可眼睛能看到的是有限的。我们只能走好能看清楚的这一小段路。而这一小段路，也许是人生之路最关键的那个路口。

长大以后，
与欲望做朋友

01

经常看到视频或新闻播报中，一些女人为了美，一些男人为了钱，最后丧失理智，变成了另外一个人。犯了错，无法回头，也要拉着身边的人一起坠入深渊，令人心痛。

看到一个令人心疼的新闻。女人喜欢通过各种电商平台购物，家里堆满了各种物品，仔细看看，也不是什么贵重的东西或奢侈品，就是重复购买一些日常用品。

记者来采访她："你为什么要买那么多肥皂？"

女人回答道："好像只有不停地买，我才感觉到自己的存在。我喜欢快递送上门的感觉，仿佛被重视。"疯狂购买的恶果是，这个家陷入了经济困境。

丈夫一筹莫展，说妻子人挺好的，性格温柔，也很勤劳，除了爱购物，没有其他不良嗜好。丈夫也是个好人，开始自责或怀疑是不是自己能力不够，才让生活陷入了这般困境。

其实，这就是女人缺乏安全感的一种外在表现。因为想被重视，想尊重自己的感受，想获得满足感。可现实就是特别残酷，不允许你过多索求不该属于你的东西。我一直认为，所拥有的东西，吃穿住行，就是自己所拥有的福气。不要挥洒，不要浪费，珍重福气，就是热爱生活。

我发现，身边的朋友，包括我自己在内，都曾经陷落为消费主义的牺牲者。平时我是察觉不到的，只有在搬家或辞职时，才恍然大悟，原来我买了这么多的东西。那些东西特别细碎，仿佛想把生活所有的细节都一一照顾到。结果却发现，有一大半的东西安安静静地躺在隐秘的角落里，根本不会被注意到，反而成了生活的负担。

02

费勇老师分享过一个故事。他看到了一篇短篇小说，里面讲，两个邻居放了长假，其中一个人说，我要带孩子去墨西哥旅行，另外一个也跟着说，我也要带孩子出一趟远门。

可事实上，两个家庭都没有行动。假期期间，他们不敢出远门，害怕被人撞到，于是，两个家庭在各自的地下室度过了一个长假。长假结束后，彼此寒暄，分享遇见的风景，路上的种种美好。

之前，他不能理解这两家人的伪装。现在，他越来越能理解了。消费主义对我们生活的影响越来越大，很多人分不清欲望和目标。多半时候，欲望成了目标，目标就是赚很多的钱，过更好的生活。

在我身上，一直有个很奇怪的现象，就是当自己做很辛苦的事情，赚很多的钱的时候，我会花更多的钱，买各种东西，有些东西我其实并不需要。我享受购买和收货时的快乐和自由，以此缓解自己高强度工作时的压力。然后在某一日，我受困于自己的欲望，躺在溢出来的杂物面前，无所适从。

由此可见，赚很多的钱，拥有很好的工作，其实也不见得快乐。为了弥补高度旋转时的内耗，一定要消耗更多的精力。精力就是力量。而人的力量是有限的。

03

所以，这个时候读陶渊明就格外有意义了。中国文化喜欢讲合，西方文化喜欢讲分。仔细看看我们的传统文化，一方面是强烈的趋同化，一方面是不断的混乱，美好的一面是天下大同，其乐融融；残酷的一面是每次都会武力统一，人人崇尚权力。一个人要想有尊严地去生活，非常不容易。

旅行的时候，我遇见一些人，他们过着旅居的生活，非常自在。我也有朋友在北京、上海生活累了，就跑到三亚、大理生活一段时间。其实，当我们对一种生活麻木或讨厌时，是完全有可能、有能力去开始另一种生活方式的。在现在这个社会，人是有着相对的自由的。

但陶渊明所处的时代是不同的。他去做自己，去做自己想做的事情，要付出很多。他历经东晋、刘宋两个朝代，经历了南北分裂和战争。这个时代用"黑暗"都不足以形容。

就在这样的情况下，陶渊明偏偏写出了《桃花源记》这样的文章，展示了一种理想的生活，仿佛乌托邦一样，随时消失，也随时存在；随时可以向世界展开，又随时可以关闭。表达了人人都向往的自由生活，展示了一种可能性。

在那里，不用交税，日出日落。但桃花源不是神仙的世界，里面生活着的也不是隐士，只是普普通通的人。

我们这个时代的人，要赢得一些自尊、自在要比那个时代的人容易得多。但我们最重要的功课，依然是向陶渊明去学习，如何与欲望做朋友。在特别想要一样东西的时候，不妨退一步，想想自己是不是一定要拥有。在特别想丢弃一样东西的时候，更要退三步，想想当时一定要拥有的理由。

人这一生，要处理的只有两种关系，一种是自己与自己的关系，一种是自己与自然的关系。处理与自己的关系，就是要学会控制欲望，管理内心，让自己越来越平和。

愿我们随着年岁的增长，不仅可以看到更多更好的风景，还能感受到内心慧力的成长与坚定，以此共勉。

从不懂到懂得，
重塑自我就是成长

在一次上文学课时，有人问我，很爱纳博科夫的文字，但看不懂，求读懂他文字的钥匙。后来大家纷纷表示，看不懂一些作家的文字。

之前带朋友去莫奈画展，他也会喊"啊，看不太懂这些画"，后来装腔作势地转了一圈，失望地离开了。我非常爱看展览，其实许多时候也看不懂。但我深深知道一个道理——看不懂的文字多看几遍、看不懂的画多想几遍，了解它们背后的故事与意义，也是了解自己、重塑自己的过程。

看书，看画展，包括工作，用心生活，是自己与自己的对话。

01

纳博科夫成年之前，一直生活在俄国富有的家庭里。由于战争，纳博科夫一家人被迫转移到了一条肮脏不堪的希腊轮船上。纳博科夫最后看了一眼俄罗斯，心中默默地与故土告别。此时的纳博科夫，一定想象不到他往后的人生会有多么凄惨。

他和家人先是逃亡到了马赛、伦敦，最后定居在了柏林。后来，希特勒上台，纳博科夫的妻子是犹太人，不得已，他们又逃亡到了巴黎。

1922年，纳博科夫父亲的同事在柏林演讲，牵连到了纳博科夫的父亲，他当场被击毙。三年后，纳博科夫的弟弟以及最好的朋友死在了集中营里。

后来，纳博科夫和妻子在柏林过着流亡的生活。每天早晨他早早醒来，去做家教，辅导别人英文、法文、网球和拳击。他追赶着公交车，穿梭于几个家庭，忙得不可开交。

夜晚，星星升起来，孩子睡着了，他会把自己的行李箱横放在浴盆上，专心致志地写作。有时候一写就是一个晚上。比利时的一家读书会，欣赏他的才华，邀请他去演讲。他拒绝道："我没有像样的裤子穿出来见人。"

潦倒的生活，沉重的压力，都没有压垮这样一个热爱文学的人。多年后，他成名了。人们看他的文集《说吧，记忆》，反馈说不好读，他却说，宇宙中隐含的美并不是唾手可得的。

有编辑想帮他出书，但要修改书中的文字，纳博科夫拒绝道："它们只是初看笨拙或晦涩，让读者多读几遍不行吗？不要宠坏那些不懂生活的人。"

为什么纳博科夫会成为20世纪文学的标杆？与他丰富的生活阅历是分不开的。那些读不懂他文字的人，生活的深度不够，对生活的理解也不够。

02

最近迷上了虹影老师的文字，尤其是那本《女性的河流》，读了一遍又一遍。每个女人身上都有一条属于自己的河流，不管是缓缓而流，还是汹涌澎湃，我们都要与它终身相处。

虹影写自己出生在贫民窟，每天面对的生活就是绝望，再加上自己私生女的身份，不被母亲所爱。她在书中写自己六岁时，黄皮寡脸，头发稀得打不起一个辫子，头脑迟钝得连过路收破烂的老头都惊奇。最后，她的母亲也失望了，"左看右看都嫌我多余"。

最可怕的是，身边的人都不会相信她能离开贫民窟。她们说，出生在这里，一辈子都要忍受贫穷。但虹影不这么想，她要走自己的路。

高考落榜后，她被一所中专学校录取，毕业后，找了一份会计的工作。她申请出差，后来休了病假，一个人四处游走。她去北方的沈阳、丹东，去南方的广西、海南岛，没有目的地行走，大部分时间埋头读书，写诗歌、写小说，靠稿费维持生活。即使是在生活最艰难的时候，她也没有忘记寻找自己、做自己。

后来，文字写得多了，名气越来越大，她又跑去北京师范大学鲁迅文学院读书，去复旦大学进修，又跑到英国生活。她走了那么远的路，有了自己的女儿，她说自己想做女儿的船，带她去想去的地方，不要像自己小时候那样，困在原地。

她有时在法国，有时在西班牙，有时在上海，永远都是一个流浪的人，为的就是追寻写作的灵感。

她说，写作根本没有男女之分。写小说是一件很苦的事情，尤其是写有真实背景的故事，很多人都难以忍受枯燥冗长的资料搜集过程，因此不少女作家便把大场面、大视野、大气魄都让给了男人，选择了一条容易走的路，并且为了安慰自己，把女性写作当作了一颗定心丸。

而她要做的就是挑战极限，努力尝试不同的写作方法，因此，她要付出更多的努力。有时候，她会连续写作十二个小时，写一本小说需要三四年的时间。

你问，她为何能走出那条贫穷的河流？我想答案一定是，去做困难的事情，求上得中，求中得下。虽不能事事圆满，但也不至于跌落谷底。目标设置得稍微高一些，对自己的要求也会高，做事也会更认真，结果也会更如意。

03

采访冯唐老师时，我问过他一个问题："人要怎么提升自己？"他回答："做点儿难的事情。"

当时没有太在意。后来经历了工作的失落，生活的一系列打击后，突然明白，安逸的人生都像是假象、短暂的存在。即使光鲜亮丽的生活，现实中也有着困境重重。

我们唯有做点儿难的事情，才能趟出那条属于自己的河流。或者是，即使不选择，我们的潜意识也会逼自己走向那一条更难的路，生活没有捷径可言。

如果走捷径，之后的付出会让自己更痛。唯有时间不说谎。活着，就是要不断地打破自己的铠甲。

突然想起一首诗歌《灵魂归家》，克里印第安人所写，献给每个人——

每一个温暖的夜晚，在月光下入眠，用一辈子的时间，让那光亮进到你体内。然后你就会发光，终有一天，月亮会觉得，你才是月亮。

优雅的好朋友，
是自洽

01

曾经，为一个特别有气质也特别优雅的女作家、学者主持了一场新书发布会。她新书的名字和"优雅"有关，她的声音细软，身姿婀娜，知识丰富，她身上优雅的力量莫名吸引着我们，牵引了在场的所有人。我不禁感慨，岁月真的从不败美人。

有人问她：什么是真正的优雅？她回答，真正的优雅是放下，而不是端着，是平静地看这个世界，观望街头，与他人和平相处。

听到这里，大家都为她鼓掌。

优雅是什么？我问自己。优雅，在我心中，就是一种爱的能力，是你对生活的热爱，是你对自己的无限接纳。当一个人特别从容、善良时，就会展现优雅的一面。

说到优雅，我的脑海中浮现了一位电影明星——奥黛丽·赫本。赫本的自传中有这样一个细节，她看到一只小鹿受伤了，立刻跑上前去，紧紧地抱着它，流下了眼泪。赫本身上那种特别珍贵的善良，也是一种优雅，是发自内心的高洁。

后来，她收留了它，与它形影不离，建立了深厚的情感。小鹿总喜欢窝在赫本温暖的怀里睡觉。后来，拍戏结束了，小鹿被带走了，赫本因此生病住院，心情低落，丈夫又把小鹿接回来，让它继续陪着她，从此形影不离。

赫本在少女时经历了一段特别穷困潦倒的岁月，她经常饿着肚子跳舞，长得特别瘦，每天晚上，她都会安慰自己，虽然吃不饱，但身材会保持得很好。这种乐观，在我看来，也是一种优雅。

02

我去学钢琴的时候，是跟一个白发苍苍的老太太一起报名的。之后，我经常以工作忙为借口，很少去上课。她却每天都坚持去学钢琴，从不迟到。

半年过去了，她的进步明显要比我快，令我有些惭愧。毕竟刚开始弹钢琴时，我曾狂妄地想，自己的乐感要好过她，肯定要比她弹得好。最令我敬佩的是，每次坐在钢琴前，她都衣着精致，腰板挺直，很陶醉，也很努力。傍晚的光线散落在她的脸颊上，我觉得她真的很美，很优雅。可见，认真也是一种优雅。

熟悉之后，老太太给我分享了她的故事。她刚刚经历了白发人送黑发人的悲剧,学钢琴救赎了她,让她有了归属感。她每次来弹钢琴,都要梳妆打扮,衣着精致。当双手摸到钢琴,似乎是在和女儿对话,因为女儿钢琴弹得很好。

说到这里,她有些骄傲的样子。但下一秒,她的眼泪便夺眶而出。

我递给她纸巾的那一刻,抱了她一下,觉得她很温暖,很有力量。我想,优雅,也可能是特别坚强的女性所拥有的特质。

03

老师讲课结束后,我们的书友群里一直有人在讨论优雅这个话题。大家在群里都贴出了自己觉得优雅的女人。

一个书友分享的外婆的故事,也让人记忆深刻。她说外婆爱美,也爱干净,白天干活,收拾家务,从不懈怠。晚上睡觉前,夏天会采摘一朵花,放在枕边,没有花的季节,会点熏香,外婆说,白天干活可以辛苦一点儿,但到了夜里一定要枕着香气入眠,这样生活才会有甜的味道。这样的外婆,可敬可爱。不仅爱生活,也懂得如何让自己更安心地去生活。

这种对琐碎生活细节的装扮,对美的追求,我想应该也是女性的优雅。又或者,可以让我们感受到美,感受到力量的事物,都蕴含着一种莫名的优雅。

04

九月的一个下午,我去采访黄晓丹老师,她是叶嘉莹先生的学生,也是她的崇拜者。在温哥华留学时,黄晓丹住在叶先生家里。先生家有一个房间,藏的全是书画。后来,家里失窃,书画全被偷走。那些书画大多非常珍贵,带着时代的烙印。

叶嘉莹先生并不在意经济损失,可这些书画里藏着她往日的记忆,所以内心还是很失落。失窃的画中有一幅字画,是台静农先生送给叶先生的一副对联,写的是她梦中所得的两句诗,她尤为珍爱。

叶先生虽然心里很难过,但很快又投入生活中。晓丹老师说,叶先生这代人与我们不同,他们能坦然接受生活坏的一面,因为一些事情可能没有预计中那么美好。

而我们这代人,却习惯认为生活一定要处处都好,一点儿挫败都足以让一颗心破碎。我们缺乏一种从平淡的生活中看到美好的能力——假如事业不够好,但想到婚姻平稳,似乎得到了一些安慰;假如婚姻破碎,但想到工作顺利,内心也会得到安慰。

我想,叶嘉莹先生以及她那个时代的其他女性,所拥有的那种宽和的力量,也是一种优雅。让人舒服的感觉,一种自洽的能量。

05

"优雅"这个词,其实源自拉丁文,它的本义是"挑选",寓意是被上帝挑选的人或事物。能够拥有优雅的人,她们的心都是被上帝亲吻过的,温柔又善良。

在滚滚前行的生活面前,那些人从未懈怠,用自己的方式理解他人,爱这个世界,这种能力,实属可贵。一个平静的人,一个容易满足的人,一个自洽且平静的人,总是会额外获得更多的幸运。我深以为然。

愿我们也是这样自洽又优雅的人。

第四章
相知相亲相爱，并不一定懂爱

相爱的意义，其实是共同经历人生中美好的一段时光。

结婚的意义，是爱上另一个自己，并与他一起抵御人生的种种风险。

如果不幸离婚，也不要悲伤，更不能放弃自己，因为至少你拥有了一个重新来过的机会。

每一步都算数，每一种人生都值得庆祝。

每一个阶段的自己都美丽，人生需要绽放，更需要珍惜每一个珍贵的平常。

结婚前要问自己的
三个问题

01

　　一个朋友嫁给了自己一直崇拜的画家，给我留言说，结婚后才发现，画家并没有自己想象中那么浪漫。反而都是自己一脸浪漫，对方表示欣赏不来她的生活态度，让她脚踏实地一些，去过质朴的日子。最可恨的是，画家一直沉浸在自己的世界里，几乎不过问家务事。你若责备他，他便一脸无辜，认为照顾家庭是她应该做的事情。而他，要负责画画，完成作品。

　　朋友说自己的遭遇时，期待我给她建议，告诉她怎样把她先生引入正道，我却很羡慕她先生，结婚后还能保持好的创作状态。毕竟结婚就像一面镜子，一下就会让人原形毕露。结婚后还愿意坚守梦想的人，注定要牺牲其他的时间来补充专业的能量。

　　我已经深刻地知晓了一个真理——不是结婚后，那个你爱的人判若两人，而是结婚前，你对自己结婚后的生活想象得过于丰富,过于天真。我们结婚的时候,多半是嫁给了憧憬。而一旦结婚,到了人生的另一个阶段,如果没有保持成长的状态,没有打开自己,心境一直停留在上一个阶段,真的会痛苦的。

因此,我认为结婚前要问自己的第一个问题是——你是否打破了自己之前对婚姻和爱情的幻想,趋于真实的考量,嫁给了你爱的人?

02

之前,我经常出差,每次航班起落或中途颠簸,听到机长的温馨提醒,我就会对航空公司或这次旅行莫名有好感。内心也会浮想,究竟是怎样的男人,这么温柔,这么有才气,这么稳妥。我对嫁给一个飞行员,有过许多美好的想象,比如可以与他一起搭乘航班去旅行,坐他开的飞机。

多年后,我如愿嫁给了一个飞行员,恰好赶上了新冠肺炎疫情。他们每次飞完国外的航班,就会被隔离十四天。

这把我之前那些美好的想象都打碎了。但我能接受结婚后的某种不完美。每个人都有自己的生活空间,我们结婚,不是要消灭一个人专属的空间,不是把他的所有都敲碎,然后融入我们的生命中。而是要尊重另一个个体对生活的理解,对你的爱与付出。我们无法强迫任何一个人专心致志地围绕着自己生活,毕竟爱是寻常苦难生活里唯一的一点儿甜。太甜腻,不持久,微微的甜，更浪漫。

即使结婚，人应该也是孤独的，享受一种丰富的安静。安静不是静止，也不是关闭，而是可以随时随地感受自己，感受他人的能力；是享受孤独，享受思考的一种特别的空间。

爱一定是浪漫的，相爱也一定是美好的。但相爱的意义不只是结婚，还要彼此更懂彼此，更懂彼此的爱。一个不了解自己的人，其实很难真正爱上另一个人。相爱是一件严肃的事情，但大多数人都习惯用情感来捆绑对方。

因此，结婚前要问自己的第二个问题是——如果没有眼前这个人，自己是否也可以生活得很好？他来并不是拯救我，而是与我一同来享受美好的生活。

03

我的一个女性朋友离婚了，一个人带着两个女儿生活，后来不幸从楼梯上跌落，她艰难地翻看手机通讯录，赶紧打电话喊前夫来帮忙，前夫也很快跑来，忙前忙后，场景十分甜蜜，好不温暖。家人们劝她复婚，女儿们更是吵闹着要爸爸妈妈永远在一起。

前夫趁势表白，也有意复合。她却拒绝，说对前夫已经没了爱，仅有依赖，无法再续前缘。拒绝的时候，她满心骄傲，认为对方还爱着她。

直到有一天,她从女儿口中得知前夫再婚,不免伤心欲绝,心一下安静了许多。可惜一切都晚了,突然有了生活中最精彩也最纠结的一部分被抽离的感觉。有一种可悲的婚姻生活是,不是结婚的那一刻才认识到自己很爱对方,也不是离婚时才发现自己很爱对方,而是对方再婚时,才发现他的名字早已刻在自己的灵魂中。

这个女性朋友往下做的事情,是不停地纠缠前夫,后来上升到辱骂、殴打,一片狼藉,不可收拾。其实她是一个优雅、坚定且有智慧的女人,但在情感的困惑面前,人人平等。在糟糕的爱情难题面前,人很难有绝对的智慧,让自己全身而退。

因此,结婚之前要问自己的第三个问题是——离开眼前这个人,纵使会难过失落,你是否可以怡然自得地去追求自己想要的生活?

04

以上三个问题,与彼此的物质生活并无太多关联,更多的是精神的考量与链接。人精神的内在选择,是要大于物质的外在选择的。

人们常说,女孩子改变自己命运的机会有两次,一次是出生,一次是结婚。一次是爸爸带给的,一次是先生带给的。我却认为,这个时代,改变命运的机会只有一次,那就是自己能不能先独立于世，独自精彩，成为一个完整的人，愿意在孤独中了解自己，更愿意深刻地去理解别人。

坦诚的人更容易相处，也更容易成功，会为自己减少许多不必要的麻烦。不要试着一直去追求成为有趣的人，反而去刺激自己的感官，丢失掉最真实的生活。自己都无法让自己快乐的人，别人更无法触达我们的世界。毕竟，结婚本质上是自己和自己的一场婚姻，不能雪中送炭，只能锦上添花。

唯一可以肯定的是，结婚后，人会改变，变得越来越温和、宽容，也越来越坚强，有责任心。

就像老舍先生写的那句话——我看世界越来越美，世界没有变得好看，是家人给了我更好看的视野。

爱情，
会让你重新认识自己

01

堂弟带着妹妹来找我，说是在上海找到了新的工作，做护士，自己找的工作。女孩清秀、漂亮、懂事，我刚要为她的勇敢鼓掌，她的哥哥却说，其实她很傻，固执得傻气。

他说妹妹傻的原因是，她不是为自己来上海的，是来奔赴男友的。他们自高中建立恋爱关系，一直到今年，足足八年。这八年的时间，男孩去当兵，去考研，换了城市，从青岛来到了上海。规划的未来是，落户上海，在上海买房，但规划中唯独少了女孩。

再看女孩这八年，能做的事情就是爱他，等他，依赖他，最后，失去了他。

男孩把原因归为母亲不同意这桩亲事。可八年爱情的积累和力量，还敌不过母亲的一言半语？说不通。男孩说自己还是爱她的，期待她能理解自己。

女孩善良又固执。最初还不肯放下身段，依然用命令的方式逼迫他做出选择，她说，我给你一个星期的时间，要么选择和我结婚，要么选择听妈妈的话。

男孩做这个选择没有那么难，他选择了后者。后者让他觉得轻松、安稳，没有吵闹。毕竟选择前者，意味着要承担责任，男孩太年轻了，还没有能力承担，或者是，他不想为了和女孩结婚，而不得不瞬间成长为一个大人。明明给了他一个星期的时间来选择，他却只用了一天，就给了她答案。他认真地说："我没有办法说服我的妈妈让我们结婚。"

这个回答很草率，我更认为是，他没有办法说服自己，跟女孩现在立刻结婚。

女孩念着男孩的好。觉得自己太急切了，太想要一个答案了，才为难到了男孩。傻女孩一般都会把过错归于自己。当然，爱情本身就是不公平的，被爱的那个仿佛一直有恃无恐。

02

我问女孩，虽然恋爱了八年，其实你还很年轻，不过二十五岁，你为什么要逼迫男朋友结婚呢？女孩说，再过三天，是她的生日，她就二十六周岁了。身边的人给了自己很大的压力，她有同学已经结婚生子了。她是农村女孩，在农村这个年龄就是大龄青年了。

每个女孩的参照物一定要准确起来。一个女孩，拼尽全力地从农村考到城市，读书十多年，为的就是见到更大的世界，突破原有的眼界和视野。这个时候，依然用固有的旧标准来衡量全新的自己，你永远是不合格的。因为，你对标的参数不对。

我们的父母出生后的社会有自己的文明和衡量标准。而我们的出生和成长却是在后工业文明社会。父母的认知和选择，还停留在他们那个时代，虽然有些观念是根深蒂固的，但女性的成长，就是为了解除固有的桎梏。

我们不能一边打着要自由、要成长的旗帜，一边做着守旧又自残的事情。女孩的成长，更需要去尝试、去摸索，也需要身边人的鼓励、认可。

因为这个时代对女孩们依然是不公平的。二十五岁，像是一个魔咒，一旦过了这条线，就会有人来指点你的人生。你的家人、亲人、朋友，包括你自己，都会以过来人的身份告诉你，你长大了，你应该结婚生子了。不然，你就会错过女孩的黄金年龄。

我们再来看看男孩这个时候在做什么。二十五岁，恰好是他研究生毕业，或工作三年的黄金时期。职场上有待提升，学历上还可以继续镀金。外界也给了男孩很多出口，男孩的选择也更多元。他可以选择结婚，也可以选择继续体验生命，四处走走，或多交往几个女朋友，都是被鼓励的。

03

我从小镇女孩一路走来，太知道女孩们在想什么了——大学刚毕业，有些自卑，人又耿直，不敢犯错，工作并没有特别理想，想去依赖一个男人。再加上"内卷"兴起，自己想"躺平"，却不得不"站立"。这种姿态，本身就不舒服，很难活出自由感，更不要提自我了。

后来，我很少去判断感情中谁对谁错。我更期待大家可以想明白的是，你究竟想要什么样的爱情。因为，另一半几乎就是生活的全部。然后，你要为自己穿上铠甲，去承受你能承受的事情。

爱，可能不是两个人的奔赴。但如果注定是一个人的付出，也要看清楚自己能承担怎样的后果。感情中没有绝对的对与错。任何一个选择都有缺陷，也有遗憾。

感情中最困惑的，更容易迷失的，依然是女性。可供女性选择的空间其实要比男性少很多。除了自私的家庭教育，我更认为，女孩子需要的是革新思想。只有心理上越来越强大，从内心不再依赖别人，选择权才会回归到自己手里。

爱情最好的姿态应该是——

我可以很爱你，也可以离开你。但不管怎样，我都要保证自己的姿态好看。我可以全心付出，也可以全身而退。因为，我不想因为爱一个人，而让我的世界倒塌。

如果你也爱着我,我们的方向一致,那么彼此就是对方的灯塔,我们要做互相的引路人。一起往前,莫问前程。

如果你不再爱我,我也绝对不会放弃爱自己的义务和责任,我会更好地照顾自己,慢慢前行,直到遇见那个愿意把未来和自己重合的并肩赶路人。

人的精神长相，
是他活成的模样

01

漂亮且对生活充满期待的惠子，从英国留学回到上海后，并没有成为自己想象中的成功女性，穿梭在这个城市最繁华的写字楼，她反而陷入了一种更深的迷茫。

先是长辈接二连三地催婚，还有身边朋友不断递来的邀请函，这一切让惠子明白，身边的人与事情都在改变。自己也在改变，她已经从最初坚定的单身主义者，长成了一个期待婚姻的大龄文艺女青年。她开始期待与一个人好好相爱，结婚生子。

可放眼望去，身边空无一人。仿佛就在前几日，有几个男人还围绕在她身边，与她暧昧、表白，怎么突然之间，他们都步入了婚姻，唯独自己仍是一个单身且独孤的人。

焦虑的惠子为了脱单，做过许多努力，花了重金成为某个相亲网站的会员，每到周末就去参加相亲派对，去爬山、远郊、运动,亲人朋友们安排的相亲局她也不会错过,忙得不亦乐乎。

某个秋风正好的夜晚,惠子的心突然安静下来,她发现这段时间爱情没有找到,把自己仿佛也丢了。回想相亲的对象,各种模样,各种职业,却没有深刻印象的男人,难免沮丧。

惠子打电话问我,如果一直没有结婚,会不会后悔?我说,会,毕竟结婚或不结婚,你都会后悔。她问我结婚的意义是什么,如果她这一生没有结婚,大家会怎样看她,同情或可怜的表情,她都不想要。

我想结婚这件事,除了是人生最独特的体验之外,它还是我们的一种精神长相。你选择的那个人,是潜意识参与的优化,代表了你选择的一种生活,代表了你心中的另一个自己,另一种远方。而这一切都会像是化学反应一样,不停地发酵、改变、交融,让你成为一个全新的自己,而他也成为你生命中最重要的那一部分。

好的婚姻,是光,是亮,是长久地让内心舒服和柔软的力量。好的婚姻,也会让一个人越来越好看。但假如真的没有遇见好的婚姻,也不必焦虑重重,不如重塑自我,寻找自我。一旦自我确立,越来越强大,越来越成熟,就会更知道自己想要什么。

一旦我们拥有更多的自由和权利,来为想要的东西买单时,爱情或婚姻只是馈赠。

一个人单身时最理想的状态应该是,当爱情或婚姻来到我们的身边,会去勇敢地迎接,当它走时,我们会难过,但不至于失去全世界；当它不在，我们也有足够的耐心等待，以及足够的信心让自己变得更坦然，更丰富。

02

其实，我每天在公众号后台看到的最多的留言是"要不要结婚，结婚了不甘心，离婚了又痛苦"类似这些情感问题。也有人说，我已经做好了准备，要单身一辈子，期待我祝福，并给一些建议。

人要勇敢面对自己的真心才是最难的一件事。如果一个女性非常独立，靠自己的力量去工作，去生活，并享受其中，直到终老，也可以优雅、淡定地接受自己的选择，也不失为一种完美的人生。

香奈儿这一生爱过许多男人，也被许多男人真心地爱过，但她最终错失了所有人。直到老去，她选择住在瑞士，身边虽然空无一人，但她搭建了时尚帝国香奈儿。这样卓越的人生，早已无法用婚姻或爱情来衡量她是否成功。因为她足够耀眼，足够智慧，足够投入于事业，爱情便不再是她的唯一。

经常可以看到年长的阿姨，一生没有嫁人，已经退休，一个人旅行、生活，怡然自得，也很幸福。记忆深刻的是一个阿姨，卖了一辈子奶茶，直到六十岁，依然单身。有记者问她，没有结婚你会后悔吗？她斩钉截铁地回答，后悔倒没有，活在当下最重要。

就是这些精彩的单身者的生活面貌，打开了我的认知世界，让我发现人生不止一面，精彩不止一面，卓越也不止一面，尝试不止一种，答案也不止一种。

我们太喜欢要一个标准答案，就以为活着这件事，是有一个标准的，并且以此来衡量自己是否成功、是否优秀。但我相信，这个标准答案正在模糊，对于活着的意义、相爱的意义、结婚的意义，也有了不一样的声音，绝对不再像过去那么趋于一致。正是答案的丰富性，让我们看到了每个人的不同面，以及生活和选择的多面性。

多么感谢这个时代，给予了我们那么大的空间，也给予了我们足够多的触觉，让我们去发觉，去感受，去尝试，去失败，去成长。活着的意义，不再仅仅是为了吃饱，相爱的意义，不再仅仅是为了结婚生子。

03

这一生，如果找不到同行者，自己也要记得温暖自己，不必否定缘分，也不必迁怒命运的安排，走好当下的路最重要。

这一生究竟是结婚过得更丰富，还是单身过得更自由？这个问题最好的答案是——我们无法掌控的事情太多，生活像是有许多分支的河流，你不能决定分支河流的走向，但你能决定自己的内心不去跟着哪些河流游走，不受哪些分支的影响。

所以，我们不必着急确定一个答案，感情是迂回的河流。在某一个时刻，你觉得对的答案，后来再看，可能会失去当时的执着；在某一个地点，你认为是走错的弯路，也可能是生活的馈赠。

老舍写道，三十岁前别着急结婚，先了解自己。

二十多岁时莽撞无知，三十岁时非常认同。了解自己，并非抬高自我，蔑视他人，而是多方面的平衡。毕竟确定你是谁，才能真正爱上一个人。相信时间，相信爱一定会来，不管多迟，这世间都有真心人在等你。

因此，不妨把时间与精力放在自我成长上面，这比纠结结婚还是单身要实在得多。毕竟这些问题，在你遇见的那一刻，就是对内心的锤炼，自己想不明白的事情，任何建议都是枉然。

爱的耐心，
最有力量

01

这段时间，为了写好这本书，我每天都会在固定的时间，去固定的咖啡馆写作。上海人喜欢咖啡的味道，平日里，咖啡馆人满为患。人多会显得格外乱，我经常为之苦恼。因此，每天早晨九点之前，我都要早早地来到咖啡馆，占住一个位置，一直写到晚上十点咖啡馆关门。中间累了，我就去周边的小公园走走。

咖啡馆关门的时候，我就很怀念北京那家二十四小时书店，可以写上几天几夜。尤其是写作的兴致来了，那种感觉，会让你忘记现实的一切，只想把内心的故事和感受赶紧写出来。

在北京，我和好几个作者朋友都喜欢坐在三联书店那个24小时书店里看书。每次交稿，都会闭关，藏在书店里写作。尤其是冬天，在里面写起来会很有感觉。我记得那个书店的地下一层，旁边都是书，还有许多都是外面买不到的绝版书。书店还藏着一群考研的学生，以及通宵赶项目的职场人，学习氛围很浓厚，彼此会有些惺惺相惜的感觉。

就在我每天都要去的咖啡馆里，也有一些拿着电脑努力工作的中年人。他们和我一样，一坐一天。后来，我们熟悉了，每天都会点头微笑，打个招呼。

02

最常见的两位年轻人，他们是一对情侣。男孩子在一旁拿着几本厚厚的书在看，其中不乏考研秘籍等。女孩子在一旁陪伴着，无聊地看着视频打发时间，有时会睡一上午。看得出来两个人很相爱，女孩子肯定更爱男孩，每次看男孩的眼神中都满是崇拜。点好咖啡后，会主动把男孩的咖啡端到他的面前。

做这些事情的时候，又格外小心翼翼，害怕打扰到他。我也是第一次看到这样辛苦的陪考人，有许多次，也想忍不住上去善意地提醒女孩，与其这样陪着，还不如好好看书，跟男朋友一起考研试试。

但这座冷漠、客气的城市，彼此之间恰到好处的距离感的第一条准则，是不能随意给别人提建议。虽然我们经常坐在一张桌子上看书，但从头到尾没有说过一句话。

考研结束后，他们再也没有来过。我的对面空了很久。第二年的春天，女孩又坐到了我的对面，若有所思，面色苍白。她突然看向我,问我:"可以交流一会儿吗?"

我欣然答应。

故事的大概与我猜测得差不多。此时,女孩失恋了。她和他的故事,比想象中复杂。

他从高中到大学,一直主动地追求她,想要与她在一起,待她是真心好。她特别传统,又很固执,遇见爱情,如慌乱不已的一头小鹿,欢天喜地地在草地上奔跑,又会小心翼翼地躲藏。她以为他们会一生一世一双人,未想过,男孩的母亲并不同意他们在一起,经常让她难堪。

她是那种即使牺牲自己,也不会喊疼的女孩。纵使对方好多次给她压力,让她难受,她也一次次忍了下来。忍,就意味着一切。这句话从她口中说出来,那么自然,仿佛她生来就该承受这压力或诋毁。

这真的让我很震惊。一个女孩,在最好的年纪,应该将时间献给谁?显然,这个答案可以是爱情,也可以是事业,也可以是学业。但前者肯定是冒险的。爱情,如果只以结果来计算它的得失,你就会失望。我从不否认爱情的美好,但美好的代价自己要能承受。

爱一个人,在其中被伤害,或不自觉地伤害别人,自己像风雨中逃亡的风一样,是会成长的,也会在弯弯曲曲的过程中,形成自己的走向。不知何时,心里就生出了力量,身体也有了铠甲。

03

我并不鼓励大家戒掉爱情。当爱情来到身边，想清醒，也无比难。但也有一个可能是，你可以把爱一个人的力气拿出来一部分，去提升自己，去爱自己。比如，可以给自己设定一个计划，计划里可以没有身边的爱人，但一定要有自己的远方，未来的某一刻，你要成为的那个人的模样。

女人，要活得超前一些、潇洒一些、目光坚定一些，甚至狠一些。要有一种定力，不管在任何地方跌倒，都有把自己拔出来的那股狠劲儿。

有篇火爆全网的文章，大意是深圳女孩只想搞钱，不想要爱情。我并不认同这种观念。

只是搞钱和干饭的人生，只有快感，没有快乐。生活是需要有质感的，有体验，有参与，也就意味着有爱，有跌落，有恨，有破碎，有一切的味道，也有一切的体会。

我与女孩交流了许久。夜色已深，她也终于不再愁容满面。她说，我三个月没有好好睡觉了，每天一闭眼，想到我即将失去所爱的人，就很恐慌、害怕。我不想一无所有。

我说，你还有你自己。大多数时刻，你只有你自己。向内看，你有你的勇敢，你的本色，你的纯粹与天真，你的追求与梦。好好珍惜这些。握不住的就要放手，握住的时候，珍惜就好。

而这就是生活的样子。

就像这窗外的夜色，一点点遮住世界本来的样子。人在灰色心情笼罩时，是看不到阳光下的美景的。但只要你有耐心等，天亮了，就可以重新出发。重新遇见，重新感动。

爱一直在，
只是有人看不到

01

再次见到阿珠，恍若隔世。之前写过她的故事，赞美过她的勇敢、执着、坚强、勤劳。特别年轻的时候，仿佛拥有这些品质就已足够。随着年岁增长，所遇之事越来越芜杂，这些品质已不足以抵御世事风雨。

阿珠毕业后一个人前往广州打拼。因为她太忙了，每次联系她，她都像是销声匿迹。忙完本职工作，还要忙兼职。最后终于如愿买房、安家，把父母从北方接到广州，一起安享生活。

本是最妥当的安排。可后来阿珠结婚了，先生与她一样，也是在广州打拼的北方男人，老实、沉默。阿珠看到他的第一眼，给我描述说，她自己觉得很踏实、安心、舒服。

他们很快结婚了，又很快拥有了一个女儿，这本是特别幸福的一件事，身旁祝福的话音刚落，他们却发现烦恼和痛苦也伴随着幸福来到他们身边。

或者是，生活中所有事情都是纵横交错，百种情绪交杂。人与人的处事，一家人在一个屋檐下的相处，都是极厚的一本书，里面写满了心事，无处诉说。

02

阿珠的父母与先生的父母都想与孩子们住在一起，很快成了对立面，争吵不休。阿珠和先生一开始还可以左右逢源，但因此耗费了许多精力，后来很快疲惫，任由他们争闹，再到最后彼此开始怀疑是否真的适合继续在一起。

阿珠想过让父母回到北方，可一想到父母只有自己一个女儿，她只好作罢。劝说公婆离开广州回老家，可又让先生和自己面临了同样的困境。

再想想，如果在先生和父母之间做个选择，虽然阿珠读过许多书，但依然认为父母亲才是自己内心谁也不能替代的人。就在阿珠摇摆的同时，先生也在纠结。他们分不清是双方父母第几次争吵了，于是，在某个风和日丽的上午，两个人不谋而合地选择去办理了离婚手续。

办完离婚手续后，两个人还一起吃了一顿隆重的西餐，那是阿珠一直心心念的美食。吃到嘴里，阿珠说，真难吃。先生说，居然是生肉，这味道跟咱们北方的烤肉没法比。

两个人快乐地回想了童年的美食,好像从来没有像现在这样相处得如此坦荡、自在。虽然分开有些遗憾,但在一起又无法解决许多现实的问题。可能爱也需要一些距离,不远不近,才能保持满心欢喜。如果太近,注定是一场灾难,如果太远,想象的力量支撑不了太远。

没有出轨、背叛,甚至没有特别激烈的争吵,阿珠就这样选择结束了这段婚姻。彼此的感情还在,谈不上像从前那么亲密,但至少比普通朋友亲近。没有世俗的财产争夺,阿珠的先生礼貌且客气地带着自己的父母退场。

阿珠和父母的生活又回到了从前的平静,只有小女儿咿咿呀呀,仿佛在抗议,这一切安排是否考虑过她的感受?从此,阿珠过上了单身母亲的生活,两年后,阿珠再婚,给我打电话,欣喜若狂地说:"这个男孩我真的是喜欢,他让我觉得很心安、舒服。"这句话这么耳熟,让我想起当时阿珠见到前夫第一眼时的描述。

不管旁人怎样提醒,阿珠还是陷进去了,用她的热情和天真爱上了另一个很像前夫的人。之后,两个人因为孩子的养育和归属问题吵得不可开交,阿珠的父母和对方的父母又一次针锋相对,阿珠再次"站队"父母,不可避免地又走上了离婚的路。

当她问我"要不要离婚"时,我一时语塞。

现实世界打败我们的,不是困境,不是细节,而是认知,是一次次想绕过去，又重新回来的生活怪圈。有些感情无法丢弃，有些人无法忘记。决定要一个人赶路，未免孤独，两个人同时出发，又觉得拥挤。前方未知，远方很远。

03

现实里有这样一个残忍的真相：分手或离婚后，如果自己不改变，你再次喜欢的那个人，可能还是和之前爱人相似的人，你再次遇见的问题，可能还是上一段感情的重复。你丢弃的东西还会不知不觉地回到你的身边，你还要面临之前未解决的问题。

一切都像是吸引力法则，有些弯路绕不过去。

村上春树的新书《弃猫》里讲述了一个这样的故事——村上春树和父亲把一只猫丢弃在了海边，回家的路上，两个人无比伤感，一直回想那只猫和自己相处的愉快时光。有那么几个瞬间，他们甚至后悔丢弃了那只陪伴自己许久的猫。

两个人一路无言，略显沉重。回到家中，一抬头，居然看见了那只被丢弃的猫儿，正蹲在家门口。村上抬头看到父亲的神情由惊讶转为叹服，接着好像还松了口气。那一刻，村上如释重负。所以，有时，你拼命地想丢弃的东西是丢不掉的，它们总有理由让你无法摆脱。

04

每次看到那些人面对别人的婚姻困境侃侃而谈，会不由自主地给对方很多建议时，我都会在内心否定这样的做法。理解一定存在，但人类的悲欢并不相通。困境就像一条河流，只有靠自己趟过去的才是成长，他人的助力类似于拔苗助长，很可能弊大于利。

问题就是绕不开的弯路，总要一走再走，一错再错，才知道自己该走哪条路，该过怎样的人生。许多时候，人生无法太执着。一个人所拥有的东西，构成了一个完整的自己。抛开其中的一部分，注定要无比疼痛。不如带着这一部分一起往前走，勇敢一些，果敢一些，结果不会差。

人是因为害怕看不到理想的结果，才不敢迈出关键的一步。但内心要有这样的信念：迈出这一步，就可以看到更大的世界，前方一定会比现在更好。这个是可以肯定的。每一刻的机遇，丰富且有选择，就是幸运中的幸运。

且记住，人生每一个阶段都会有困境，一步有一步的难与乐，一岁有一岁的苦与福，不必把所有的问题都向外求助，而应该脚踏实地走好脚下的路，一点点处理好眼前的事情。

世事难两全。所有的苦，都带着期待；所有的乐，也都带着无奈。不要向别人要建议，要结果，多让自己肯定，多让自己经历，比什么都重要。

第五章 你会怀念自我更新的那一年

另一个空间、另一个世界、另一种生活以及另一个我。
每当遇见困境无法解脱时，我都会想象另一个自己在其他空间突破了眼前的困境。
即使那个空间不存在，我也坚持认为，只要我向前看，我就能偶遇另一个自己。
就在这样的信念中，我不断地更新自己，也更新着我对世界的爱与理解。
既然没有什么是永恒的，为何不趁着年轻时，多去寻觅一下自我的可能性。
毕竟人是在逐步拓展自己的世界里，变得越来越强大，也越来越美好。

我们都需要
自我更新的那一年

01

认识南城时,她才二十多岁,是一个酒店的配饰设计师。那时的她才华横溢,白天做配饰设计师,晚上熬夜写作。

我就是她的读者,经常看她写的爱情故事专栏,情情爱爱,曲曲折折,没有开始,没有结束,有的是天马行空的聚散离合,以及她对爱情的无尽想象。有些危险、刺激,但结局大多是温暖、寻常。那时候,她的文字是那么生涩,但仿佛一直有一种魔力,吸引着我们去欣赏,去陪伴故事中的人经历、成长。

她的文字影响了年轻时我的婚恋观。那个时候她只是一个小作者,认识她的人很少。我看她写自己去很多地方旅行,到了腾冲,没有钱回北京。她就在路边摆了一个摊位,售卖她听到的各种版本的故事,以及她自己的故事。分不清哪是真实的事件,哪是虚构的人生。

就这样,她靠说故事赚到了路费,虽然只够买一张绿皮火车票。她写道,自己以后要去过一种旅居的人生。每隔一段时间,就换一个城市,带着家人看各色风景,敲开不一样的人生大门。

但后来她很快结婚,成了全职妈妈,住在北京的郊区。结婚生子,生活陷入了暂时的安静。但不时地,她会写自己对生活新的理解,一步一脚印,生活磨难重重,但每一个变化都她被描述得有趣且轻松。

我一直关注那个与众不同的女孩,有时听别人分享她的故事,那种津津有味的感觉,仿佛自己与她一起经历了那段了不起的人生。

我喜欢南城那种女孩,心气高,足够优秀,也足够骄傲。你在她仰着的脸上看不到生活的痕迹,只有坚决、美好。她活得十分努力,看上去却没有那么用力。她一直在追求自己想要的生活,从不妥协。失败过,潦倒过,但从未放弃过。

毕竟,在一个城市漂泊的年轻人,突然换一个活法,拥有一段爱情或婚姻,都需要极度努力,付出代价,改变生活的轨迹。大多数人不敢爱,不敢恨,捂着胸口,告诫自己做一个寻常的人。于是,我们小心翼翼地,不知不觉就走完了青春。所以,那个勇敢的女孩,就格外惹眼。

我羡慕南城,羡慕她敢于尝试,敢于转换,她变换着生命的轨道,改变自己的步伐,眼神坚定,内心坦然。

我在北京逐渐靠近三十岁,那个比我大几岁的女孩南城,迅速地拥有了两个孩子,她设计、画画、写作,各种尝试、折腾,后来卖了北京的房子,带着一家人搬到了云南古镇。

在云南那个古镇,她终于住上了独栋的房屋。两个孩子也都按照她的意愿,过上了像她小时候那般的生活。每天上学下学,就跳跃在大自然中,偶尔学鸟鸣,捉一只可爱的虫子,从外表来看,已彻底融入乡间的生活。在北京妈妈们还在疯狂"内卷"的情境中,她依然按照自己的步伐,不徐不疾地前行。

南城本以为平淡的生活会一直这么舒展下去,毕竟,这就是她梦寐以求的人生。

02

2020年,疫情来袭。南城开的民宿、酒馆因为各种原因垮掉了,她赔了不少钱,生活因此一团糟。

她不得不变卖了民宿,把独栋的房子变成了更小的院落,把生活费用一缩再缩,只求能躲过这一劫难。没想到,劫难来势汹涌,病痛带走了南城的父亲,感情破裂带走了她的先生,而这一切经历,几乎把南城打垮。

她看向奔跑在田地午后的阳光里的两个孩子,是这个世界最后的温柔。倔强的南城,带着一个瘦弱的背影,牵起母亲与孩子的双手,再次出发,前往北京。

北京,还有自己的梦。她想成为一个优秀的室内设计师,她要辛苦地赚钱，要重新支撑起一个家。其实，她去的时候并非勇气满满，去之前她向朋友们打听，得到的消息几乎都是打击，大家纷纷说，北京"内卷"得厉害，尤其是设计师这个行业，几乎不得伸展。再重新回来，没有可能东山再起，还有可能摔得更惨。

大家把这个行业描述得黑暗如斯，南城却决定要在这里大展身手。她利用晚上的时间学习拍摄以及剪辑，学习行业知识，一不小心，陪着星星熬过一个晚上。白天，她起来很早，跑出去工作，有一种强大的意志力，支撑着她去尝试、付出。那种强大的意志力，是生活的压力，也是她的梦想的重量。

南城说，人不能放弃自己，我可以接受全世界的放弃与背离。她把这一年称为自我更新的一年。在这一年里，她换了城市，换了身份，换了工作，换了生活模式。

夜晚，难免孤独的时候，南城怨恨的不是前夫的放弃，而是自己当时的脆弱与不成熟。当一个人不再把责任推向别人，意味着她开始拥有责任与担当的意识。

来不及伤感，她开始营业，日复一日，拍摄、剪辑、直播，拼尽全力，无问西东，几经跌倒，跌跌撞撞，终于上岸。

03

再听南城的故事，她已平静如初，安稳地度过了最艰难的一年，完成了自我更新。笑容开始爬上她的脸颊。她又重新苏醒，计划着下一段人生该何时出发。每个人都会有自我更新的那一年，逼着你成为更好的自己，如果你走到了这一年、这一步、这一刻，千万不要自怨自艾，要珍惜这一年给自己的更新。那是成长最好的礼物。

南城，那个从小镇走出来的女孩，脆弱又迷人，坚强又敏感。十六岁离开家乡，去县城读高中，而后又前往北京读大学，工作，后来又去云南定居，到现在她又来到北京这座城市生活。一路走来，她离家的距离越来越远。

但她在行走的路上，收获了另一个家。有时跌宕起伏，有时平静如初，生活有它自己的脚本，任谁也无法改变，只能踏足去经历，去接受，去改变。

虽然，她也不知道人生的下一个目的地是哪里，她又会遇见什么样的故事。但随着生命际遇的改变，人会一直改变，改变想法，改变目标、追求，有时是被动的改变，有时是主动的变动。其实，我们在这段旅途中，根本无法分清楚哪一个才是最真实的自己。

可这样就足够好。有时，你寻找的自我，并不一定是真实的自我。但这样的闪烁不定，让人生足够迷人。

再见，南城。我也要起身，从北京这座城市出发，往南方的城市走去。我把所有的行李都装进了两个行李箱。人生总会有那么一瞬间开窍，请你毫不犹豫地抓住它。

我听见南城说，女孩，你要勇敢。

我说，一定会的。

你愿意过被安排好的理想人生吗

01

记得那年夏天,我被邀请参加一个电视节目,对方期待我写一个话题。我写好了话题与提纲:"你愿意过被安排好的理想人生吗?"

交上去后,那边的编辑立刻给我打了电话,让我围绕这个话题,聊一聊自己的感受。我和她电话沟通,说了很多,很久。她也很感动,说自己几次险些落泪。

02

我说自己不愿去过被安排好的理想人生。试想一下,从你出生那一刻,你就不用担心,也丧失了选择的权利。你只需要按部就班地往前走,前面一帆风顺,你甚至不用努力,就能知道自己的未来有命运的馈赠。生活没有未知数，有的是设定好的完美人生，就像那部电影《楚门的世界》，一个伟大的造物主，已经为你准备好了一切。

这样的人生，你是会享受，还是想逃跑？至少楚门给了我们真实的答案。

当然，被安排好的理想的生活，是不存在的。即使存在，生活在里面的人也会很脆弱。因为没有经历过痛苦的人，不足以语人生；没有经历过挫败，就没有坚强的那一面。生活里没有选择的权利，意味着属于自己的东西很少。

我其实最怕那种一眼望到头的生活。从你入职第一天，你就知道退休时自己会拥有怎样的人生。但我们都被困在了命运中，为了生计不断地妥协。所以，不管过哪一种人生，潜意识里，其实都是你自己接受并选择的。

她又问我：那么，一个女孩特别喜欢艺术，一直坚持做与艺术相关的职业，家人都反对，并期待她早日结婚。这个女孩还要坚持吗？

我说，这个答案别人无法给予她。这是她自己的人生，要为自己负责。我反而觉得如果女孩问出来这个问题，多半是家人并没有为她找到很合适的结婚人选，对方并没有足够的吸引力来改变女孩，让她放弃追梦，听从父母的建议。女孩也没有在自己的行业做出成绩，没有足够的自信来支撑自己的选择，没有足够的成果让家人信服她的选择是对的。

父母和孩子面对同一个问题时，产生不同的态度以至矛盾，其实都要从两个方面来看待。每一件事情有A面，也有B面。A面藏着一个人对这个世界新鲜的理解，B面藏着一个人这一生深厚的生活经验。两者可以在某一个方面达成共识，但更多的还是摩擦。

父母期待用一生的经验告诉我们，不要走弯路。但年轻时，我们都是张爱玲笔下的葛薇龙，谁也劝不住，都要走那条非走不可的弯路。

年轻人期待父辈可以理解自己，其实根本无法实现。我们和父母，早已是两个时代的人，有着不同的认知、不同的态度，不一样的期待、追求、目标。

虽然我们彼此很爱，但我们无法去过他们安排好的人生，因为那是他们设定好的生活。他们也无法理解我们期待的人生，因为这是我们的选择。再相爱的人，即使心连着心，也是两个人。

03

我和那个编辑聊了很久这个话题，彼此都很感动。她说，会整理好文档、脚本给我看。我满怀期待地等了她三天。第三天的晚上，她又说，这个话题太好了，被另一个嘉宾去做特别节目了。咱们再换一个话题继续聊吧，你知道的，这个嘉宾我们请来特别不容易。

我听了以后非常沮丧，便拒绝了她的请求。的确，另一个嘉宾的名字如雷贯耳，我默默地想，我要记住这个名字，然后默默努力，超越她，让大家记住我的名字。我特意回复了那个编辑一段话：谢谢你的好意与安排，更感谢你教我明白了一个做人做事的道理——当我自己是一个弱者的时候，我要有弱德之美，当我成为一个特别强大的人时，我期待自己不要像今天这般骄傲着去欺负比我弱小的人。

谁也没想到，不久之后，那个嘉宾莫明其妙地不火了，慢慢销声匿迹了。

所以，生活的剧本你永远猜不到它的下一步是什么。我们只能安安静静地往前走，看着它高楼起，看着它高楼塌，而我们能做的就是自己不去尝试做剧本中的那个坏人。

所谓的可以被安排的理想生活，也是一种天真的理想。天真是正念的时候，会汇聚很多正能量，天真一旦有了歪念瞎想，就会不堪一击，随时倒塌。

我们没有办法去过那种不用经历风雨、只需看岁月静好的生活。任何时代都有考验。只有一个觉醒且内心丰富的人，才能接受所有的安排，并找到合适的路。只有一个充满希望且充满能量的人，才会处理好自己与时代的关系，找到最适合自己的那条路。

04

一个作者写过这样的故事。在日本,他到访过一座寺庙。寺庙的旁边有一块巨大的荒地。住持告诉他,他看到的荒地原先是一座寺庙。后来,他们把寺庙拆掉了,重新建造了一座寺庙。每过20年,他们都会拆掉原来的寺庙,在旁边新建一座。

作者不解,问住持,这样岂不是没事找事?

住持却说,寺庙里的僧人,有的是木匠,有的是砖瓦匠,有的是雕花匠,他们可以重新练习手艺。不停倒塌,不停地建起,人们就会找到存在的价值。最重要的一点是,我们终于明白,没有什么是永恒的,即使是神圣的寺庙,也是要靠双手去建造的。

没有什么是永恒的,一切都在变幻之中,包括我们的理想生活,包括我们自己,都在变化中拥抱了不一样的命运。而这才是最真实的人生。

写给家与自己
分属两个城市的人

01

我在上海这座城市见到了许许多多这样的人,他们一个人在孤独的城市打拼,妻子与孩子,都在另外一座城市生活。

我有一个朋友叮当,她一个人在北京工作,先生和孩子都在南京。叮当很优秀,真的非常优秀,三十岁时,考取了全额奖学金去了欧洲留学,回国后就在北京工作,很努力,也很辛苦。

叮当每隔几个月会回去见一下家人,然后匆匆告别,再次回到北京。回到北京后,想念孩子的念头会像疯草一样狂长,有时会思念到流泪。孩子在一天天长大,老人在一天天老去,都在迫不及待地等待着她去付出,去陪伴。

纠结的叮当,中间也想过放弃北京的工作,回到南京生活。但不舍得北京户口,更不舍得这份喜欢的工作,左右为难,来回摇摆。她说,假设回到南京,无论找什么工作,都要从头再来,想想会觉得害怕。她问我自己摇摆的原因是什么。

我想,真实的原因,可能是此时家人对她的需要,比她对家人的需要要大得多。

其实,我当时从北京来上海找我先生的时候,也是丢弃了北京的一切——房子、工作、朋友、亲人,自然,我也很理解叮当的内心活动。丢弃有些不甘心,不丢弃,仿佛身体和心自然地分裂成了两半,一半在自己所在的城市,一半在家人所在的城市。

女人成长的路上,尤其是当下的女人,一路走来,注定都是艰难的选择。

女人和男人最大的不同,在于女人很在意自己跟身边人的关系。每走一段路,她都会回头看看自己,看看周围的人。她是善意的,也是感性的,她更在意自己和家人的关系。而男人会更注重自己与自己的关系,关心自己的成长,他在一段时间内有没有**超越从前,有没有变得更好。**

有些选择可能是因为困境,随着年龄的增长,在工作中,这样的问题会越来越明显。职场是一个残忍的金字塔构造,在它上升的通道中,属于年长者的职位和选择会越来越少。日复一日地工作,你会发现,身边认识的年轻人,他们工作几年好像会自然而然地离开这个城市,回到家乡去过另一种人生。仿佛水滴蒸发一般,无声无息。

沉淀下来的这些人,注定是优秀的。但优秀的人的共同特征是,与家庭相比,他们的时间更多地属于社会。一个人越来越优秀,为了保持这种优秀,他们注定要耗费更多的精力和时间来打磨自己的心力与技能。然后把这种心力、创造力,贡献给社会,陪伴家人的时间自然会减少。

所以,得给自己定位,要么心甘情愿地去做一个优秀的人,为社会付出,不断地拿出一切;要么学会取舍,把时间与精力一分为二,一半给予自己与家人,一半回馈工作。取舍之间,你会知道什么是最重要的。

02

我记得自己刚去北京的时候,认识一个朋友阿曼。阿曼的父亲常年在日本工作,母亲是北京歌剧院的歌手,常年在全世界各地出差。两个人很少见面,但很相爱。每天都要打电话,交流许久。

一次,她的母亲生病住院了,父亲特意赶回来,母亲拉着父亲的手,说了许多伤感的话。都是关心他、想念他的一些言词,居然没有一句对阿曼的留恋。

阿曼的父亲真的很爱母亲,母亲也真的更爱父亲。但若要两个人中的一个舍弃工作来陪伴对方,也绝无可能。后来,我听说他们离婚了。阿曼的父亲在日本有了新的家庭,第二任妻子是上海人,为了与他在一起,舍弃了上海的一切。

阿曼从此很少再见父亲,只是同情母亲的遭遇,有时也会质问母亲，为何不去日本陪伴父亲，陪伴才是爱。母亲无奈地说："你的姥姥姥爷年纪大了，你也要读书，我们一家人也要在一起。我和你的父亲是爱情，我可以一直爱着他。但我更爱你们，因为你们是我的亲人，亲人，就是要一直在一起。"

阿曼泪流满面。后来她的结婚条件里加了这样一条：要可以接受自己和母亲一起生活，要陪着自己的母亲老去。她心里只有一个想法，不要让母亲变成留守父母。

人的感情是如此复杂，我后来才发现，不是依据相爱或不爱，就能简单地判断一段感情适合不适合。人和人在一起，是时机成熟的一个总和，需要天时地利人和，才有缘聚在一起细数细水长流的日子。

03

我采访过一个写作者。她和先生就是北京、上海两地飞。有时，她在上海，有时，她在北京。先生大部分时间在北京，小部分时间全世界飞。她说很享受这样的爱情，因为常常要分别，相聚的时间就变得很珍贵。舍不得吵架，舍不得冷战，能相见的时候多见面，能相爱的时候多相爱。

但她也为此付出了代价。本来自己不想走女强人路线，但因为先生很优秀，自己不得已也要变得优秀，才可以旗鼓相当。慢慢地，错过了生育的最好的年纪，但想想爱人，似乎一切也值得。

我也曾有这样的困惑与选择。有一个很好的机会,我可以去北京的一家出版社工作,工作内容、职称,我都很满意,对方是我多年的老朋友,相信去了那里,我会得到更好更快的成长。

但现实是,我可能无法长时间待在北京工作。因为我会担心和思念自己的先生、孩子。长期两地跑,一边是北京,一边是上海,需要很大的力气与定力。再加上我先生的工作又是全世界各地飞的状态,我很难安心。

虽然我经常看到行内的一些朋友,在两三个城市来回飞,一边是工作,一边是家庭,处理得妥当又自然。但我是缺乏这种能力的。或者是,我也不想拥有这种分裂自己和家人的能力。

当然,我其实也不太鼓励为了成长、为了优秀,与家人长久分离。一个人要知道他是为了什么出发,才能够更好地回到生活的本身中来。

活着,就是为了让自己和身边的人过得更好。过得更好的一个标准,我认为是常常见面。

不要觉得见面很容易,慢慢会发现,人生许多告别都是匆忙的,甚至来不及见最后一面。许多人背井离乡,所赚到的钱,只能填补这个家一部分的需要与缺口,还有一部分的需求是精神的需求与羁绊。一个没有羁绊的人,是冷漠且不成熟的。

站在窗台,望向窗外,人群在上海的南京西路这里簇拥成团。那么多人,那么多心情,那么多故事,人们为了生活,可以妥协,可以牺牲,可以不顾一切。却不知兜了一圈,最基础的事情并没有完成，那就是与家人一起度过生命中的每一天。我讨厌那种所谓的自我成长，不停地逞强，把自己架在最高的位置，却遗忘了最初的出发是为了家人过得更好。

　　而衡量一家人过得更好，其中有一个最基本的准则——所有的经历，风雨和阳光，你都一一在场。

真正的高情商，
是尊重自己与他人

01

看过好多文章写"高情商"，也听了一些讲"高情商"的课，我发现其实好多人都误解了高情商，以为高情商就是口才好、能言会道。

其实，高情商不是八面玲珑，不是能说会道，甚至不是市面上常见的沟通课。高情商是一种让人信任的能力，是人性里的温暖与信任。真正的高情商，是在交流中让人看到自己的真诚，感受到被尊重的善意。在与人交流交往的过程中，可以谦逊，懂得退让，不咄咄逼人，也可以做到不卑不亢。

或者，也可以简单地理解为，当你看见一个人，就无条件地喜欢或信任他，那么，他的情商可能非常高。

02

说到高情商,我会想起《百年孤独》的作者马尔克斯。他是一个很浪漫的人,很爱妻子梅赛德斯,虽与妻子青梅竹马,他却有意忽略了她的年龄。即使遇见别人打探或需要填写年龄这一栏时,他也是特意空下她的年龄,让妻子独自填写。

马尔克斯写《百年孤独》到一半时,家中的钱花光了,他们便卖掉了汽车。后来,卖车的钱也花光了,妻子就去当铺卖掉首饰等,从未因为生计让他停止写作。

待此书写好后,他们赶紧去邮寄作品,却发现邮费不够,被告知只能先寄一半。聪明的梅赛德斯寄了下半部,等编辑收到稿子后,立刻支付了所有的稿费,要求他们把上半部寄过去。

马尔克斯能够全身心地写作,得益于妻子无条件的爱、聪慧、独立。如果没有她,他的文学世界会始终缺一个角;如果没有她,他真实的世界便会少了一片天空。

马尔克斯和妻子如此浪漫,得益于两个人的情商都很高。有时候,我觉得爱是很细微的表情,只有双方都愿意照顾彼此的情绪时,才能有好的故事发生。不然,情感的世界都是漏洞。

高质量的感情,就像《还是要相信》那本书所写的那样——相爱,就是两个人以最大的热情、最大的努力,去爱着对方。轮流低到尘埃,轮流不讲道理,轮流向对方道歉,轮流意气风发,轮流害怕失去,不知不觉走完这一生。

03

看完电视节目《再见爱人》，真心觉得现在的情感节目越来越好看了。节目的嘉宾之间互动越来越多，不再局限于情感，也不再那么生硬，多了几分自然情绪的流动。阿哲看完后，一直分享他的感受，他为嘉宾伤过的心、落过的泪，并认为这是年度最好看的情感节目。

我问他，为什么觉得好看且精彩？他说，因为充分尊重了嘉宾的真实情绪。

真实的情绪反应比情感更好看，情绪意味着自由，更不被控制，意味着感性的力量。情感就要收敛许多，里面有几分理性的意味，更有几分智慧的感觉。

看完这个节目，我也认真地审视和思考了自己的婚姻。意识到，我之前和家人的沟通，也存在一个严重的问题，其实是自己把太多的时间和耐心放在了工作上，反而对家人少了许多耐心。我努力地朝着自己的目标往前走，忽略了许多风景，也忽视了身边人的需求。

当我慢下来，步伐、心态都慢下来，就在那么一瞬间，世界开始不一样了。

我发现所谓的别人，也是和我们一样的人。和我们一样有柔软的心，需要真情、温暖、被珍惜与被帮助。这是人的平等性。

不去恶意猜测他人，也不把自己不喜欢的方式或感受给予他人，学会尊重，并进行有效的交流。

而这也是高情商的另一种体现。

04

工作中的高情商也是如此。我记得之前做配饰设计师时，去给甲方汇报材料时，我们都会装饰PPT，尽力地表现自己以拿下项目。于是，各家把所有的力量都集中在了如何制作精美的PPT上。最后，我们每天熬夜工作，凭借初设的PPT展示以及总监卓越的口才，成功地拿下了项目。

大家都很开心。记得甲方还赞美过我们的两个总监情商高，口才好。但接下来要做的那个项目，却非常耗费心思。设计总监一直说，这次竞标成功，怎么像是我们挖坑埋自己。另一个总监说，当时我们探讨过这个问题，这个项目的确超出我们的实力太多。有挑战的项目可以让人进步，但这个进步的过程注定要让人费力、慌张，甚至是沮丧。

真的，不见得暂时的出众，就是高情商的表现。

高情商是一种自知之明。懂得衡量自己能做什么，不能做什么。要抛弃什么，要紧握什么。如果我们想要的其实超出自己的能力范畴，那么强硬地去得到，注定会失去。因为想要的念头太

强大，太强大的念力，其实很脆弱。

如果这个时候我们的情商和心力，无法控制此时的念力，那注定是要失败的。因为能够比较安稳地、长久地、愉悦地陪伴我们的东西，多半是自己能掌控的。

我不想过"差一点"的人生

01

2020年的冬天,我被邀请去北京参加了一个"短视频"达人的培训,整个培训是封闭式的,节奏很快,异常精彩,我收获良多。最后有个达人分享环节,让我耳目一新,备受触动。

一个达人说自己做视频和直播的时间,只有短短三四个月,她和老公拍了六十多个视频,做了一百场直播。最辛苦的一天,他们直播了十一个小时,售卖了一千多套书。她说自己目前还在职,是一个公司的人事,也没有想过要放弃自己的工作,全职做直播。她以后也不会全职做直播,目前还在尝试、摸索怎样做得更好。

虽然很多人说,靠卖书赚不了什么钱,但她和先生坚持了半年不到的时间,居然赚了两百多万。这真的是一个令她欣喜万分的成绩,刷新了她的认知,让她看到了自己诸多的可能性。

分享到这里，主办方的老师立刻给她定了新目标：明年，赚一栋别墅！

听到这里，我有些想落泪。这个女孩被这个平台邀请做视频和直播的时间，其实和我差不多。仔细看之前的数据，我们俩的相差无几，我好像是差一点儿坚持、差一点儿行动力，就能成功。为此，我追悔莫及。

02

培训结束后，在北京回上海的高铁上，我却想通了这件事。表面上，我们和别人相差的只是一点点，真相却是相差万里。有时，你败给自己的，不仅仅是坚持，还有眼界、见识，以及对事物本质的认识。坚持，是对意志力的考验，而不享乐其中，也难以坚持。

再看看身边，经常会有人说，我差一点就考上大学了，我差一点就能和某人结婚，我差一点就能拿下那个项目。好像差的是这一点，其实差的是运气，是命运对自己的辜负。但命运是自己选择的。所谓的差一点儿的结果，也是自己妥协后想要的人生。

自从做了人物采访系列，我开始和各种各样的人打交道。我投身其中，乐在其中。但和人打交道的过程，也最能看清楚自己究竟差在哪一步。

一次，我本有机会可以邮件采访一个自己特别喜欢的作家。

对方要求我在周三把提纲给她的编辑，我却拖延了一天才提交。结果是，对方不再理睬我。

我不无遗憾地对同事说，我差一点儿就可以采访到她，我是多么喜欢她。

同事却笑我并不够喜欢那位作家，如果真的是喜爱，自然会重视彼此之间约定的时间点。

我还在为没有采访到她，而备感遗憾，却没有反思，是自己的失误让自己只差一步，而往往这一步，决定了整件事情的失败。从头到尾，每个细节都不能错，"差之毫厘，失之千里"的教训，古人早已告知。但毫厘之难，高低立见。

那天看《北野武的小酒馆》，看到北野武写道："无聊的人生，我死也不要，宁愿辛苦，我也要选择去过滚烫的人生。"真的特别喜欢这句话，更喜欢北野武的人生态度。之前学习他的电影，老师说，一帧帧地看他的电影，发现每一帧镜头都很美。在这个都很美的结果中，其实是他对自己无数次苛刻的要求。

而滚烫的人生，我理解的是，宁愿踮起脚尖，累一点前行，也不要后退，不要缩回舒适圈内。就像最近特别流行的一个词，叫内卷型成长。如果一个人只愿意在舒适区内成长，他的认知能力就会向里生长，慢慢地演变成了一个往里缩，而不愿往外探索的人。

03

从一开始差一点儿，到后来的差很多，这是一个过程。在这个过程中，我们无数次放弃自己的底线，允许自己去接受差一点儿的结果。最后，就会过上委屈且无力改变的生活。

因此，在自己的能力范围内，真的不要接受差一点儿的安排、差一点儿的生活，以及差一点儿的结果。总要奋力去挣脱、去改变，去与生活较量上几番后，再去接受、去妥协。

总有人问我，成年后再回想读书时的遗憾是什么呢？应该是从未狠狠地要求过自己。虽然也定过很多目标，也认识到了实现它们的重要性，但每次未完成的时候，内心都会习惯性地原谅自己，"算了吧"；也会宽容地原谅别人，说"算了吧"。假装自己是老好人，总是在该讲原则的时候放弃自己，久而久之，好像养成了一个习惯，无法严格要求自己，更无法去严格要求别人。

那个时候不知道这是纵容，是从一开始就愿意和命运去妥协的行动。

而此刻，我把这真相写出来，并愿意打碎从前的妥协。我想去走更难却能收获更多的路，哪怕有很多考验、坎坷，哪怕再也无法回到最初的平静。我也不愿再对差一点儿的结果说，好吧，我愿意接受。

幼稚的人谈喜欢，成熟的人谈责任

01

又到毕业时，看了一眼数据，几十万应届毕业生即将涌向社会。当然，我们公司也需要招聘人才，我也跟随着招聘团队去了大学。

我看到每个想加入我们团队的人，都会扬起那年轻的脸庞，带着某种期待、某种憧憬说："我喜欢读书，你们读书会比较适合我。"我一想到每天可以读书，读很多文字，就觉得自己很享受这份工作。"啊，你们还要求会写，那我太适合了，我从小就喜欢写作。"

每次看到这样的年轻人，我都会小心翼翼地继续问：如果有一天你发现这份工作不是你想象的那样，没有最初那份喜欢了，你会怎么办呢？

同事们开始提醒我，都觉得我这个问题如同鸡肋，不喜欢了,就辞职呗!世界那么大,有趣的事情那么多。现在喜欢也不代表未来会喜欢。现在的职场,现在的年轻人,换工作是一件无比简单的事情。

我对此持有悲观的看法。毕竟有些事情,不喜欢,也要硬着头皮干完它。毕竟实质性的工作,是烦琐的、细碎的,到了后面,喜欢的层面很浅,更多的是需要责任去要求自己做完。毕竟,人不能总换掉不喜欢的人,以及不喜欢的工作。

我们公司有个实习生,跟着团队写作了三四个月。最初,她雀跃得像只小鸟,特别卖力,每天埋头苦干,搜集资料,根据建议反复修改。她也是飞速地进步,你能感受到她节节高的喜悦。写作是有瓶颈期的,需要达到一个阈值。

真没有想到,三个月,她对写作的热情就被耗尽了。她告诉我,再往下写,就是重复,重复是毫无意义的。然后,她提出了辞职,理由是不想在喜欢的事情上赚钱。一旦拿喜欢的事情去赚钱,就会丧失某种喜欢。

我一开始的建议是,再坚持两个月。后来我看她倔强得厉害,只好说:"按照你的想法去做吧,但一定要明白重复去做一件事,才是最深的喜欢。在这个过程中,你会得到积累、磨炼以及成长。这就是最好的回报。还有,如果喜欢的事情你都无法坚持许久,没有做到精致,怎样把不喜欢的事情做好呢?"

她说:"其实我很迷茫。自己也不知道是否还喜欢眼前的工作,只是我现在已经有抵触心理了。"这真的可能是很多人迷茫的源点，做着做着，就忘记了初心，越来越在意情绪，责任与坚持早已被搁置起来。

02

这也让我想起《十三邀》的一期节目，许知远问木村拓哉：你有没有特别想扮演的角色呢？

木村回答：那是一个专业团队无数人的努力，我没有选择的权利。

还有一期，李诞问许知远为什么要做访谈节目。

许知远回答说，我得赚钱啊！养书店，我没办法的。

光鲜亮丽的背后，是责任和坚持，是你不得不去做的妥协。很多事情，你必须去做，而且要做好。哪怕你不喜欢，哪怕你排斥。

喜欢是什么？我的理解，喜欢代表了一种情绪。在某一个短暂的瞬间，你被一样东西所吸引，被共情，但长久地相处，会让你认识到它背后的社会关系和复杂构成，以及你要为喜欢所付出的代价。

03

我的编辑上周说，我做图书编辑整整十五年了，我太累了。在她没有给我倾诉之前，我一直以为她是很轻松的工作状态，至少时间很自由。我给她的建议是赶紧去休息一段时间。她说目前还是做不到，一旦请假，就很担心自己所负责的书会出问题。没上市之前，每一个细节都得把控好。自从做了图书编辑，内心会经常很紧张，这种紧张，是责任，是细致，也是长久的喜欢。

我甚至觉得只有在一个行业里待足够久，付出得足够多，才敢谈喜欢。在普通的人生里，谁都想做一个闪闪发光的人，但我相信发光的背后是辛苦，也是磨难。不可避免的是，更多的人有一种误解，认为喜欢的事情是轻松的，却没有想过，即使是喜欢一个人，也会遇见种种磨合、怀疑或否定。

就像我年少时学绘画，十多岁时，坐在画室里一画就是一整天，在这个过程中，拥有了耐心，学会了沉浸，学会了思考，也懂得了分辨。因此，我认为，没有长时间为一个人、一件事情付出过，就没有资格说喜欢。

人生实苦，喜欢也无法让苦难变得容易。但我深知，只有坚持画下去，我才能实现梦想，考上理想的大学，我想获得的是成就感。它比喜欢更让我动心，那个不断坚持的过程，我认为是信念，它比喜欢要高级得多。

毛姆说："为了心灵的安宁，人最好每天做两件自己不喜欢的事。"因此，在最初选择工作的时候，我倒是非常建议，我们每个人都可以拿出时间和精力，去挑战，去接触，去尝试做一些自己不喜欢的工作，去跟一些看起来不那么友善的人交流。

去做不喜欢的事情的过程，会清楚地告诉你，什么才是你能恒久坚持的事情，也会让你分清楚什么是真正的喜欢。

生命总有遗憾，你要勇敢向前

01

一个读者考研三年未果，最近又失恋。她很伤心，问我，怎样让难过少一些，放下一些东西。这是一个很难的问题。因为人在特别痛苦、迷茫的时候，是看不到所拥有的东西的，甚至没有勇气敢相信自己一直是幸运的人。

我推荐每一个因失去而难过的人，去看看皮克斯动画工作室的电影。

《寻梦环游记》告诉我们，死亡不是永别，被生者忘记才是生命的终点。

《1/2的魔法》又给了我新的启发——除了怀念那些失去的人，我们更要好好珍惜陪伴在身边的眼前人，你身边的每个当下，都是生命最好的馈赠。如果现在不尽力去爱，肯定会有追悔莫及的那一天。

02

《1/2 的魔法》原名是《Onward》,意为向前走,向前看。我从影片第五分钟的时候流下热泪,一直看到结尾,也没有停止眼泪。故事真的荒唐,但也非常温暖。

主角伊恩是个特别胆小的中学生,在学校被后桌欺负,自卑到没有朋友可邀请来参加自己的生日聚会。伊恩的哥哥看似高大威猛,却经常开着一辆"暴风女王",四处闯祸,被周围的人认定长大后会一事无成。

这多么像我们每个普通人的日常,被生活欺负,被他人否定。自己最期待的事情,也看似根本无法完成。在这样令人沮丧的现实面前,伊恩的心愿是去见一面从未见过的父亲。幸运的是,他掌握了父亲生前就懂得的魔法,可以将父亲复活一天。可是,他们只成功地复原了父亲的下半身。为了见到完整的父亲,兄弟俩带着他一半的身体,踏上了限时 24 小时的魔法冒险。

很喜欢"1/2 的魔法"这个翻译,它就像我们真实的人生一样,永远一半圆满,一半遗憾;一半向前,一半后退;一半勇气,一半懦弱。

伊恩在前行的路上,写下了自己的心愿清单:日落之前,陪父亲一起大笑,一起讨论人生,让父亲教会自己开车,等等。为了能见一面父亲,冒险就很有意义。为完成目标,他早已不是母亲口中那个什么都害怕的男孩,他学咒语,去战斗,也敢在高速上并线。

他那么勇敢地完成了这一切。

在那个日落时刻,仅有一次可以见到父亲的机会,他却让给了哥哥,这也意味着他此生再无可能去见父亲一面。除此之外,他还要与恶龙相斗。落日下,哥哥在最后的时刻终于拥抱了父亲,实现了心愿,不再有遗憾。伊恩终于打败了恶龙,隔着石头的缝隙看到了这一幕,顿时明白,自己那个冒失鬼哥哥才是他这一生最想一直拥有的温暖。

虽然成长过程中,父爱的缺失,让伊恩唯唯诺诺,没有自信。但这一夜的冒险之旅,让男孩长大了。他明白,那1/2的魔法、1/2的冒险、1/2的父亲,都是完整的哥哥带给他的。他所有的心愿清单,比如大笑、讨论人生、学会开车,其实在哥哥的陪伴中,早已完成了,甚至早已超出自己的期待。

他终于明白失去的一切固然可贵,可它远远敌不过眼前人的生动。**生命真的太美好,馈赠远远多于我们的期待。原来,父亲在他十六岁生日这天送给他的礼物,不是相见,而是成长;不是遗憾,而是看见。成长和看见,都是一种能力。**

这也是让我觉得影片可贵的地方,它没有强硬地让结局圆满。弟弟伊恩还是没有真正看到真实的父亲,他依然有遗憾,有缺口。但也有领悟和幸福。这像极了我们每个普通人的一生,始终有遗憾,但也始终圆满。因为看待事物的角度不同,遗憾与圆满也有了不同的位置。

哥哥终于在日落时刻看到了父亲,但我相信他也会因此更爱弟弟。这个看似冒失的大男孩,比任何人都执着地相信魔法的存在。但同时他也明白,**魔法,其实就是爱,亲人之间无条件的爱与付出。是这些人性的闪光点,让生命可爱,可贵。没有这些,人生一片荒芜。**

03

有一些生命的遗憾,人总要学着去接受。哪怕你还是个孩子。

有一些念念不忘的心愿,有人早已在不知不觉中陪你完成了。

有一些超出自己能力的事情,其实也有实现的途径。念念不忘,必有回响。没有不可逾越的冬天,也不存在不可攀登的雪山。

如果真的只看眼前的结果,此时的努力无法给我们一个具体的答案,但要明白,此时迂回的路,艰难的选择,是为了成全此后的路。你在秋天种下的樱花,第二年的春天才会鲜花怒放。

如果此时没有考取心仪的大学,没有得到合适的工作机会,恋人没有出现,转身梦想一片狼藉,身边的一切都在逼你长大,你却还没有做好足够的准备。没关系,人生不会等你做好准备后再出发。勇敢往前走,即使只有一半的勇气,一半的坚持,以及一半的信心。

第六章
我想学会与世界和平相处

后来,我才明白,自己最想获得的能力,是先了解自己的能力。是自己与自己和平相处的能力。
只有自洽,我们才能与这个世界和平相处。
唯有对自己完全了解,我们才可以发现自我,找到自我,并去完美地实现自我。
而一个不了解自己的人,会莫名其妙地感到孤独,缺乏安全感,怀疑整个世界。

怎样说再见
才能不留遗憾

01

有人邀请我回答问题：为什么朋友总是突然就消失了，来不及说再见？还有一个问题是：有没有让我难忘的友情？

肯定有。记忆最深的应该是"法海"。我有段时间特别失意，是"法海"每天都给我发鸡汤段子，或搞笑的段子。我经常写好文章，就发给他看，他一定会给我反馈，告诉我读到哪里他最燃，读到哪里他"丧"到不想再读。

我们是有时差的，他在美国给一个农庄打工，他经常给我讲他的工作，现在他们的农庄种植的哈密瓜，甜度是72度，可以用一个很精确的仪器测出来。他特别喜欢给我讲过往求学或恋爱的经历。

"法海"拼命地喜欢过一个女孩，从初中到高中，从高中到大学。但他现在已经忘记了她的名字。他高中读了四年，才勉强考上山东的一个二本学校。毕业后，穷困潦倒的他出奇地想移民，可他太穷了，穷到只能一边收旧书一边供自己读书，但在那么困难的情况下，他还是读到了博士。毕业后，他被公司外派到了国外。终于如愿。

我问他，实现梦想的感觉好吗？

他回答："实现的过程更好，带着一种希望。实现后，就特别孤独。我现在每天在这片土地上喷洒农药，已经学会了看蚂蚁，跟哈密瓜较劲。"

一日，他给我留言，说自己做了一个梦，梦里下着雪，藏着他喜欢的女孩，女孩的模样模糊，梦也模糊。他好像重新拥有了一次靠近她的机会，却还是没有行动。醒来后，他对我说，以后他想让我以他的经历写一个故事，故事的名字就是他醒来的时候想到的五个字——去年今又冬。

我只记得他有一颗特别柔软的心，很容易相信别人。最后一次交谈，他与我通话，说是对一个女孩念念不忘，被她欺骗了感情、钱，然后，她消失了。他因此很受伤，特别痛苦，但不需要安慰，只是提醒我以后与人交往、交流，都要小心。我当时正着急赶高铁去演讲，没有及时回答他的消息。

再后来，我前往上海，终于在安顿好后的一个下午，突然想起要告诉他一声，自己已安妥，并来安慰他时，却发现信息已发不出去，显示对方已将我删除。而我，也没有勇气再加他。我的好朋友，就这样消失在了我的生活中。

有人说，我需要你的那一刻，你没有出现，那么你就真的不必再出现了。可能在他最需要我陪伴的时候，我没有及时出现。而在我落寞的时刻，他是那个陪着我的心灵一起跳舞的人。我还未来得及写他的故事，他已消失在我生命里的某个冬天。假如际遇再次让我们相逢，我一定会好好珍惜这段友情，完整地写下他的故事——去年今又冬。

02

记忆最深刻的走散的朋友，还有禾子。

我们曾一起泡在咖啡馆写影评，周末的时候相约去吃重庆小面，去中央美术学院看云朵，挤在出租屋的一张床上共用一个耳机听故事。我为了帮她攒钱去韩国留学，留她在我家住了很长一段时间。那时，我一直觉得她是和我很像的女孩，或者是另一个我，可能是因为我们来自同一个城市，有着相同的成长经历，以及对美的向往。

她亲切地称呼我为闺蜜。并对我说，等我结婚时，她想申请给我当伴娘，穿那种芭比娃娃才会穿的粉纱裙，美艳全场。她还要申请和我一起做同样的梦。她申请要为我做的事情有点儿多，我总以为会实现一二。可后来，连一件也没有完成的情况下，我们就走散了。

走散的原因很简单，我们签约了一套书，但这对当时的我们来说,想完成有些难度。中途,她要前往韩国留学,编辑找我催稿,我那天恰好出差,在高铁上回答:"我和她现在沟通都不太方便,完成这套书会比较难,但我会尽力完成,不要催太狠,老师。"

之后,禾子来找我,告诉我,编辑给她说我们要解约这套书,会完不成。她不喜欢自暴自弃的人,也不会再理我。

我沉默良久,没有争辩。我有一个致命弱点,每当和他人有了误会、矛盾,我就想缩在角落里,等待对方悟出来我不可能有意伤害她,由此错过了更多的可解释的机会。

可能朋友总有一天,是要说再见的。有时就像是这样突然间的误会,有时是埋着头走了很久的路走散了。不是友情太脆弱,也不是我们太善变,是那个叫作时光的东西,它闪闪发亮,过于耀眼,帮我们记住了最重要的,隐藏了最为寻常的事物。

03

这次搬家,找到了从前的手机,看到了至少是五年前的一些照片和聊天信息,由此打开了我记忆的大门。我一边看一边感慨,有时想痛哭一场,有时捧腹大笑。让人难过的是,我曾与一些朋友信誓旦旦地说要一起去做的事情,一起要去实现的梦想,五年后的今天并没有实现。

更可悲的是,由于一些朋友的微信名字换来换去,我几乎忘记了一些人的存在以及他们真实的姓名。我们在一起聚过的餐,吃过的美食,一起去旅行的地方,在多年后的今天看来,有些恍惚,我不止一次地发出疑问——这些事情真的发生过吗?这些人真的与我同行过吗?

也许,残忍的不是记忆,不是时间,不是过去,而是自己。随着成长,每长大一岁,时间的维度便被拓宽了365天,可记忆有自己的容量与空间。有一些人加入到了我们的生命中,有一些人自然就要离开。加入与离开,让说再见这件事,变得更为残酷。有些人,有些事,不必说再见,也会自然如水滴般消融在大海中;有些人,有些事,来不及说再见,就已消失在人海。

现在的自己挺害怕"一生一世"这四个字。许多事情都是不确定的,如果徒劳地给不确定的人生加一个束缚,记忆也会背叛自己。

人生有太多的不可控,说再见也变成了一件容易且寻常的事情。可能最不留遗憾的说再见的方式,是在拥有的时候就加倍珍惜,用尽忠诚与认真。

要怎样才能看起来很不一般

01

知乎上有个热点问题：如何让平淡无奇的自己看起来很不一般。一个高赞的回答只有两个字：靠谱。

如果这个答案早些年我看到，并不会特别认同。年轻时，谁不希望自己独立又特别？我会觉得漂亮、个性、有气场、聪明等特质，会更吸引人。工作多年后，越来越觉得，人生路上，成为一个靠谱的人，才是最有魅力以及最了不起的。

靠谱意味着值得信赖，值得期待，值得投入。想要成为靠谱的人，也没那么容易，我们要做到真诚、守时、专业、敬业，还要有实力、有能力，行动力强，情绪稳定，等等。靠谱，它其实是一个人综合能力的体现。

当然，如果你要问我，靠谱的核心是什么，我想所有的特质都指向两点——利他，以及是否让人信赖。

02

过去的一年,对我来说很辛苦,但收获也特别多。这一年,我采访了很多优秀的作家、企业家、学者。最初我要去做这个栏目,真的挺难的,靠近这些人需要机会,除此,还要把采访大纲写到令对方有交谈的欲望。

为了采访第一个人物,一个实力演员,我查了很多的资料,才写好了采访提纲。据说要采访的媒体特别多,我带着忐忑不安的心情上交了提纲。未曾想到,我的采访提纲通过了。我顺利地采访到了她,整个过程的谈话,都很顺畅。当然,这也得益于她的善意、随和。

她的助理提前告诉我,到了四点要结束,还有下一家媒体要采访。到了四点,我准时收了场。走的时候,她的助理拿出来一盒玫瑰花饼给我,说:"谢谢你准时,且没有强行问我们要求不问的问题。"助理觉得我很靠谱,以后有采访或线下活动,还可以继续合作。这句话让当时的我特别感动、激动,走出门,我兴奋地蹦了起来。

03

之后的每一次采访,我都会用心地搜寻资料,并把采访提纲的问题尽最大能力写到最好。我逐渐发现,资料的占有只是一部分，我们还要去理解被采访者，理解他所认知的世界。虽然现在，大家都好像更愿意看那种特别刁钻的采访，但我相信，如果被采访的人不舒服，所谓的交流也就没了温度，少了几许温情。

陆陆续续，我采访了很多人，不管多么挑剔的被采访者，我们都交流甚欢。一年采访下来，我收获颇丰，也是做这件事情的最大受益者。现在，我突然觉得自己好像充满了勇气、自信、底气，这个感觉，源于我和团队会在采访前把每个细节都做到最好。一路走到现在，会有出版社或明星团队来主动地约我们去采访。这个结果，真的让我备感欣喜。

后来听人物写作的课程，听到那节"怎样才能让被采访者愿意和我交流呢？"那个老师回答得特别好——首先你所有问题的出发点是为对方着想，还有你本身对生活朴素的热爱，以及细节的准备是否充分。为人靠谱，让人信赖，别人自然愿意与你交流。

可如何做到靠谱呢？我想答案一定是，事事有交代，件件有着落，次次有回音。当你的心中不再只装着自己，会从全局来考虑整件事情的来龙去脉时，才会拥有真正的智慧。

04

我采访过一个设计师，也是作家——宁远。她住在成都的远郊村落。她的团队的人都是儿时的伙伴和亲戚，他们看起来朴实无华，却设计了一件件舒服、时尚的衣裳。由于设计的东西很美,也很实用,很多商家抄袭。宁远说,没关系,去抄吧,款式可以抄,风格谁也带不走,温度只能我们给。

我问她,你想做一个什么样的人?

她说,做一个老实人,实诚、坦诚、认真。认真地过每一天,认真地做衣服,认真地和身边的人交流。就会产生能量,也会传播能量。

我备受触动。这在我看来,**就是一个靠谱的成年人该有的思维。只需要安安静静地努力**,做自己,利人就是利己。不抢风头,也能迎来风。大多数时候,我们都太着急确定,确定自己获利,确定一件事要有结果,才会有纠结的情绪。而真正投入做事的人,不会恐慌。

年轻时,我的心太野了,总想成为不一样的人,想改变世界,想成为不一样的烟火。直到现在,逐渐明白,能成为一个靠谱的人,脚踏实地走好脚下的路,就会拥有不一样的人生。

靠谱,会为你带来不一般的风景和人生啊!而那个闪烁着星光的世界究竟是怎样的?我想答案一定是,当你真诚、真实、真心,又自然时,所有的人都会在你面前温柔且值得信赖。

别丢了出发时的那股敢要的勇敢

01

我加入了一个群,群名叫"那些变现百万的女性的生死探索",里面邀请了几位优秀的女性创业者,在群里做分享。其中一个不惑之年的女人分享的故事,特别动人。

她做过的最勇敢的事情,是在二十五岁的时候,英语只有四级的她,为了挑战自己,也为了未来更好的生活,从银行辞职,独自前往加拿大留学,并最终在那里扎根。中间的经历辛苦异常,但她真的靠自己的能量实现了这一切。一路走来,最令她动容的,是母亲对她的鼓励。

她的脸上天生有一块很明显的红印,小时候她不觉得自己与其他人有什么不同。当她开始读书、懂得美丑的时候,突然对脸上这块红印很自卑。她不敢上学,不愿见人,怕同学们嘲笑她。

母亲见状,把她带到镜子面前,让她看着镜子里的自己,说，上天亲吻过你，所以才留了这个红印。你要想想它留给你的其他东西，也很珍贵。你看你的眼睛忽闪忽闪，你的嘴唇像一颗樱桃。你要勇敢地面对任何人给你的非议。

听完母亲的话，她开心地去上学了。面对异样的眼神，她也会勇敢地直视对方。成长的路上，一直有母亲的鼓励，因此她格外勇敢、自信。是母亲让她认知到，任何人都是不完美的，但永远有另一面的美好也属于她。

悲伤的是，在她二十五岁那一年，母亲去世了，她的世界也碎了。母亲临走时，对她说，你要一直靠自己，你是有天赋的女孩，不要辜负自己的能力。如果不喜欢眼前的工作，要自己想着去改变，不要怨天尤人，更不要自怨自艾。

于是，她毅然决定要改变一次命运。母亲去世后的第二个月，她就辞职，并前往加拿大留学。感谢命运为她开了第二扇大门。虽然有点儿难，但她挑战成功了。她更是对自己充满信心，认为未来她会拥抱无数可能性。除了帮助自己，她也会帮助其他人，比如把自己收入的一部分，无偿地捐给那些需要帮助的女孩，助力她们的成长。

我看她分享的视频，她穿着红色的裙装，在沙漠里笑得灿烂，真的是发自内心的敬佩她的果敢、真实、自信。她早已从自卑的需要人鼓励的小女孩，长成了可以给予他人精神和物质力量的大女人。这一切，源于母亲的鼓励，更源于她内心力量的滋长。

02

人最美的姿态，就是可以勇敢去要，也可以甘心放下，可以给予，也可以转身。这让我想起作家张德芬说过的一句话：敢要，就是最可贵的勇气。

2020年夏天的一个下午，我电话采访了张德芬老师。她在台湾，我在上海。我们通过电话来沟通，这种感觉很奇妙。自己很喜欢的一个作家，喜欢了很多年，兜兜转转，在某个时间点，终于遇见。而我愈加相信，所谓遇见的缘分，其实是自我努力之后的晋阶，才能链接到那些比自己更优秀的人。

我问张德芬老师，一个人什么情况下成长得最快？

她回答，敢要东西的人，要比不敢要的人过得好。那些非常敢要的人，虽然可能让你敬而远之，可是他们的生活通常都过得不错，也很有动力。因为敢要那件东西，就代表着我们要去实现，会有压力，也会面临挑战。

一个人放下自尊去恳求一个人留下、祈求一样东西时，往往会适得其反。因此，永远不要放低自己的姿态，而要默默地努力把自己拼成金子，在某个时刻闪闪发光。

我更相信那句话，如果自己的价值提升了，她被满足的可能性就会更大。因为，提升的路上，她不再需要别人来证明自己。她更多的是想给予他人。因为人是有内在资源的，正向的内在资源转化成为一种正能量，让我们勇敢、向前。

03

　　一位拍纪录片的导演说，每次开始拍一个纪录片的时候，内心的感觉就像是站在悬崖上面，脱光了衣服，然后跳下去，自由落体，把自己投向了万丈深渊。

　　他坚信自己会在摔得粉身碎骨前，生长出新的翅膀，继续翱翔在天空之上。因此，他能坚持勇敢。

　　而我更相信，他内在的这股力量，源自他内在能量的充足。正是因为这股力量，我们才能区分自我和他人，想象与现实，可贵与可舍。

　　就是这股敢跳下去的勇敢，让我们认识到自己是谁，哪些才是自己要奋力抓住的机遇。而哪些不敢往前迈步的时刻，恰恰是因为自己不够自信，没有那么想要。当我们否定自己时，内心多半也不会涌动正向的力量。

　　期待，不管过去的你我经历过什么，我们都能勇敢地探索内心更多维度的力量，都有自信去面对自己的不完美，也能甘心舍弃人生多余的行李。

孤独,是我们认识自己最好的机会

01

一个之前的同事想从北京来上海闯一闯,开启一段崭新的生活,忘记自己在北京受的伤。她想咨询一下我的意见,毕竟我曾经真的从北京只身一人来到了上海。

我问她:"你之所以不敢换城市,最怕什么?"

她说:"我之所以不敢去上海,是怕孤独。"

从表面上看,人人都怕孤独,其实根本原因是,我们都怕承担结果。一个人去做一件事,去爱一个人,都要有一些定力才好。而这股定力,一定是孤独给的。

02

读书的时候,我特别喜欢热闹。喜欢到什么程度呢?如果一个人待在宿舍,就会胡思乱想到落泪。我喜欢一群人在身边围绕的感觉，会觉得很温暖。吃饭、上自习、去实习，都期待有人陪伴着我。那个时候，我一直被批评没有主见。

大二那年，我没有回家过暑假。放假后，同学们都欢天喜地地回家了，空荡荡的走廊告诉我，我真的要一个人过两个多月的暑假了。我一个人待在宿舍，想来想去，不如把自己想去做的事情写下来。

我那时比较胖，胖得夸张，胖到不太自信。我那个时候想写作，但学业很重，又拿不出时间去写。我还想去游泳，还想读十本书……一不小心，我写了一页。写完后，我想的是，那就去做吧。

我上午去了图书馆，下午报了游泳班，晚上开始写作，时间被安排得满满当当，毫无缝隙。恰好我还看到了电视台的少儿频道在招聘志愿者，我立刻报了名，每天白天还要跑过去给少儿频道的主持人处理一些杂事。

我沉浸在自己的计划和努力中，每天做完一件事就记录一下。前所未有的充实感让我觉得很快乐。我本来是胆子很小的女孩，不敢一个人过黑夜，还害怕孤独，不愿一个人待着。但是经过那个暑假的磨炼，我喜欢上了安静的独处。

我突然发现，我们不是在与人接触中成长的，在与人交往中产生的刺激，必须在内部消化，与自己的价值观和意识相互碰撞，从而调整自己，找到适合自己的言行，这个过程，才是成长。毕竟真正重要的东西，只能独自一人去寻找。

那年大二暑假的生活，对我的影响深远，因为它填补了我认知上的黑洞。我之前总认为一个女孩根本无法单独完成一件事，特别希望有人陪同我。而现在自己却莫名多了许多自信，觉得我一个人就是一支队伍。后来人生路上的许多决定，我几乎很少与人商量。

我去北京电影学院考研，而后又留在北京工作了十年，努力地写作、讲课，买了房刚要安定下来，又义无反顾地为了爱情，放弃了一切，来到上海。我好像一个人一直奔跑在一条赛道上。在那条长长的赛道上，只有我一个人和我的目标。但我并不曾怕过什么。

我真的是信心满满了？也没有。我真的是特别笃定吗？也不是。

电影《花木兰》里有句台词说，当人恐惧的时候，就会勇敢。我却认为，需要达成的心愿，忍受孤独的定力，才会让人倍有勇气。

大二那年暑假在电视台做志愿者，因为表现比较好，主持人给我介绍了家教工作，往下每个周末我都会去两个孩子家里，教他们画画。通过孩子的父母的介绍，我又去了广告公司实习，包括后来被介绍到北京的家装公司做设计师。这些事情的源头，其实是那年暑假我敢在孤独的时刻去尝试。

但很多人不愿迈出那一步，多半是对自己信心不足，对一个人去做一件事充满恐慌。于是，便会在行动上打转。而**决定人生**

方向的时刻，恰恰是深刻挖掘自己重视什么的阶段。

内省不足的人，很容易将风险过度放大，我们永远无法意识到自己在无意识中错过了多少机会。无论外面的世界多么喧闹，一定要记住，认识自己和快速成长，一定是孤独给的。

03

春夏给我讲过她的经历。每到冬天，她特别喜欢跟朋友们聚会，而且是随叫随到，谁让她喝酒她都会一杯见底。孤独，她真的是很孤独，且想融入那群朋友中，让那个群体接纳自己，让自己在上海看上去有许多朋友。那个群体里的男人，都多金且优秀，至少都比春夏厉害，她想最后能混到个男朋友也算是有收获。

一次，大家都喝多了，其中一个男孩也喝醉了。大家坐在一起，男孩突然对春夏说："春夏，其实你一切都蛮好的，漂亮，有趣，也有才华，但你就是太穷了。不然，我就会追你的。"

这句话让喝多了的春夏立刻清醒，她突然之间发现，自己和这群朋友格格不入。她回到家中反思了自己，重新复盘了自己的生活、工作，列了新的规划，写了新的期望。

从此，春夏再也没有跟那群朋友聚餐、熬夜，而是满血复活地投入自己的人生中。当一个人把所有的精力都用在自我的成长上，她所获得的能量是无限大的。

我们在喧闹中失去的，也一定会在孤独中重新得到。许多很了不起的事情都是你一个人完成的，当许多人围绕你，你的生命热闹又簇拥的时刻，你反而需要反思，哪些是虚假的繁荣，哪些是真诚的呼应。定时定期精简自己的欲望，轻装上阵，内心轻盈，步伐也会更明快。

即使辛苦，
也想拥有自己想要的人生

01

一口气读了三本小书，作者是上村松园，日本的一个天才女画家。读完后，我特意打电话告诉先生，疫情过去，我找到了自己想要做的事情，那就是去日本看上村松园的画展。如果现在没有疫情，我肯定要立刻飞过去看她的画展。

可能是因为和松园有着相同的年少学画的经历吧，读她的文字，我不止一次地感慨和羡慕她的才华，更为她的经历唏嘘。

02

松园的父亲在她出生前就过世了。母亲一个人在商业街卖茶为生，养活松园与大她四岁的姐姐。许多人都劝母亲改嫁，她却一一拒绝了。她担忧女儿跟着自己嫁人，会被怠慢，会受委屈。

松园说，自己的母亲身上有着一股超出常人的意志力，就是靠着这股力量，她把两个女儿培养得特别出色。尤其是松园，更是她的骄傲。

1879年（明治十二年），松园十三岁，小学毕业，恳求母亲让自己去学画画。身边的亲人朋友都反对母亲送松园画画，毕竟在明治时代，女性被认为只要学会端茶、倒水、做饭、缝衣就够了。母亲却选择了把卖茶赚来的钱都拿去供女儿学画画。她想让女儿活得自由随性一点。读到这里，我想起了我的父亲，当时也是全然不顾他人反对，把我送到了美院去学画画。

当时恰好为了振兴京都画坛，有一所绘画学校。学校里有一百多个男生，包括松园在内只有三个女生，后来两个女孩陆续退学，仅剩下松园一个女生。作为女性，想读书，想学画画，想靠绘画为生，她不仅要跑赢自己，还要与那个时代赛跑。

因为喜欢画画，松园选择了这条最辛苦的路。这个选择，就是北野武所说的那种滚烫的人生吧。我更相信每个选择滚烫的生活的人，其实都活得异常辛苦，又享受其间。

松园喜欢临摹名画，画了各种画，最喜欢画各色美丽的女人。画画时，她不用模特，都是自己在身边支起三面镜子，画少女时就穿少女的衣服，然后自己摆出各种姿势，不得已时只好用左手画画。这样画画真好，完全不用顾忌他人的感受，一直画到自己理解。

03

好运终于降临到这位天才女画家的身上。十五岁时,松园画了《四季美人图》,被博物馆展出,获了一等奖,被英国康诺特亲王殿下买下。自此,她终于少年成名,之后的每一年,她都会画许多画,被展览馆一年又一年地展出,一直到她七十四岁离世。

她的一生都在绘制"和风美人"。她只画美人,清晰地描绘她们的眉、眼、唇,她笔下的女人始终带着一些骄傲、自立,色彩雅致、线条纤细,流淌着日本古典韵味的美好。

旁人问她,是不是只要是美女就能激发她绘画的欲望。

她笑道,漂亮只是视觉层面的追求,自己真正渴望传达的是蕴含在女人内心的坚定力量。

所以,我一遍遍地看她所绘画的美人眼,那一双双泥眼,好像充满眼泪,又好像对生活充满了无限的爱与深沉。我从这一双双泥眼中看懂了她。生活给了松园许多委屈、锤打、黑暗,她毫无怨言地一一收下,经过她用心地修炼、耐心地付出,她还给了世界愉悦、光明、爱。不屈于世事的艰难,始终有所向往。

04

松园十九岁时,商业街隔壁的一场大火,烧光了她家的杂货铺。那里有她辛苦临摹的参考画册,还有她的画、笔。这些东西对她来说，真的是千金不换。她穿着睡衣跑到街头，泪流满面，痛惜不已。**母亲却说，至少这是别人给我们添的麻烦，而我们没有给其他人添麻烦，我们可以安心地睡了。**松园虽然还是很痛心，但立刻被安慰了。

比如27岁那年，她未婚但是有了一个儿子，作为单身母亲，在那个时代，究竟经历了怎样的流言蜚语，她也从不解释，只是全力地爱着他。

在松园的笔下，丝毫没有记录自己独自养育的艰辛，单亲妈妈的不愉快，反而满是与儿子松篁相处的幸福片段。**所以，儿子追忆她时，才会说，母亲留给他的最大遗产，就是她始终勤奋努力的身影。**

人活在这个世界上，就像一叶扁舟，航程中有风有雨。谢谢上村松园的文字与画，让我羡慕之余，又无比欣慰，能拯救自己的，果然只有自己，他人毕竟是无法依仗的。

总有人在过着我们想要的生活，哪怕是无比辛苦，她也在认认真真地走眼前的那条路。她深知，能把眼前的路走好，已是人生的赢家。

真正的独立是什么

01

放眼望去,好像整个社会都在鼓励女性独立,要成为更好的自己,去过更好的生活。这一群人中不乏女性自身。

仿佛一个女孩,你不独立,不去追寻更好的自我,就是一个失败的人,要给全世界道歉。

记得一次读书会线下活动,一个全职妈妈痛彻心扉地说,自己不该为了照顾孩子而辞职,失去了独立的资本。现在生活浑浑噩噩,怀念之前工作的时间。旁边立刻站出来几个所谓的过来人安慰并鼓励她:只要你从现在开始,重新去学习,去突破,走出舒适区,你慢慢就可以独立。还有人说,花别人的钱自然难受,只有自己赚到钱,才可能真正独立。

可人真的是一个矛盾体。女性即使没有回归家庭,她在职场也会遇见相似的问题,困扰她。除此,她若真的想更新自己,除了需要勇气,她更需要时间。时间宝贵,要么献给自己,要么献给孩子。这个选择题，又要重新摆在她的面前。

如果能够做到一边带孩子一边成长自我，双管齐下，且能做完整完美的话，她应该不会痛苦到要跑到线下读书会来寻求答案。

女性的觉醒，不是意识到自己不够好，不是去发现生活更糟糕的一面，不是去怀疑自己的付出是否值得。而是她终于鼓足勇气，来面对生命中的一切，美好或糟糕。有能力去改变的，那就勇敢去改变，暂时无法改变的，就尽力让自己接受。

02

有一次，我想了解一个朋友姣姣的现状，点开她的朋友圈，突然发现她很久没有更新了。之前特别喜欢翻她的朋友圈，看她对生活日常的记录。每天发生了什么，好听的音乐，好看的展览，她都会在朋友圈晒晒。

现在空空如也的朋友圈，像是一扇封闭的大门，拒绝每一个前来的朋友，并明确地表示，内容仅三天可见。

后来了解到，姣姣和男朋友分手时，男朋友给出的分手理由是，认为她很幼稚，喜欢在朋友圈炫耀。他找她聊了许多次，最终的目的是期望她独立，充满智慧。因为，他喜欢这样的女性，不喜欢不成熟的、总爱展现自己的女孩。

姣姣怎样做，都不能令他满意，结果，姣姣只好分手了，从此不再发朋友圈，变得小心翼翼，把自己的世界紧锁了起来。每次穿新衣服之前，都要把新衣服暴晒在阳台上一段时间，稍显陈旧，才会心安地穿出去。

我很心疼这样的女孩子。因为别人的一句话，一个建议，就完全改变了自己的生活方式和态度。**女性的独立、智慧，可能首先就是要摆脱人云亦云，不把热情泯灭在这些细微的事情上。**

当然，也不排除人到了一定的年纪，慢慢会不再喜欢发朋友圈。外面的一切无关紧要，自己的一切不再想展现。可如果真的如此，世界会遗失许多美好。人与人的链接在于日常、琐碎。如果没有这些细微的牵绊与展现，人很容易成为一个孤岛。

走出舒适圈，赚钱养活自己，是大多数人心中的独立。可这只是表层的独立，人还有更深层次的独立，那就是精神的独立。那就是，不管周围的世界如何变化，都要保护自己的初心，不被侵染，不被改变。星转物移，自然变迁，自己始终要提醒自己去做一个灵魂的觉醒者，而并非人云亦云。

03

二十多岁的时候，读香奈儿，还没有这么深的感受，只是觉得她虽然活出了自我，但一生未婚，和很多人相爱过，且灵魂狂野，谁也无法掌控她。

随着年龄的增长，再读香奈儿，是发自内心地欣赏她。毕竟她解放了女性的衣着，而在这之前，女人们都穿着厚重的长裙，且不能穿黑色的衣服；是她设计了女人们可以穿的像男装一样的衣裳；是她给女人们做漂亮的礼帽，重新定义了时尚，她创造的香奈儿五号香水，直到现在，依然是时尚界无法逾越的高山。

香奈儿出身贫苦，母亲在她十一岁时离世。被送到救济院后，她就在等父亲来接自己，最终她没有等到。从此以后，香奈儿明白了，她只能靠自己来解救自己。

她在做裁缝的时候，认识了人生中第一个好朋友阿德里安娜，这个女孩不仅美丽，而且善良，爱读书。阿德里安娜把自己读到的好的故事，都收藏了起来，订成了册子，送给香奈儿阅读。香奈儿读完，很是期待真正属于自己的爱情，也开始懂得如何分辨什么样的男人是适合自己的。

后来，她遇见了艾提安，这个男人让她衣食无忧，并过上了高级交际花的生活。这样的生活花天酒地，一开始，她很陶醉，后来看了一场话剧后，她清醒了。这个话剧就是小仲马的代表作《茶花女》，香奈儿突然觉得茶花女玛格丽特就是她自己，若只是做高级交际花，这样依靠男人，早晚会为此丢掉一切。

她开始读书，读很多书。她穿上艾提安的衣服，去骑马。她开始思考，成长，去过自己想要的生活。

香奈儿成了非常有名气的设计师，不仅设计礼帽，还设计衣服，当她最爱的男人卡柏去世后，她怀念自己在蔚蓝的海边等他的感觉，并把这种感觉做成了香奈儿五号香水。

无论香奈儿有怎样的人生际遇，她一直在坚持阅读，坚持学习。她很少有迷茫的时刻，因为她凡事都会尽全力去做。我想，这才是她垂暮之年，依然能东山再起的重要原因。

比如，她最强大的对手夏帕瑞丽在媒体上说，香奈儿已经过时了。香奈儿依然每天看书，做设计，从未停止过手下的工作。媒体来问香奈儿，对夏帕瑞丽有什么看法，香奈儿说，那个女人是做衣服的艺术家。我认为这才是香奈儿最独特的地方，她从不诋毁任何人，也深深地明白，与其在意别人的背弃和不善，不如经营自己的尊严和美好。

尽管她爱过很多人，也被很多人爱过，但最终，她还是一生未婚，坚持阅读、工作，把所有的时间都献给了事业。直到晚年，她接受了一个作家的采访，开始让他为自己写传记。在采访中，她说了两句话，深触我心。她说，我这一生不过是一段被无限延展的童年。她还说，生活并不曾取悦我，因此，我创造了自己的生活。

如果在那个最关键的时刻，她没有读到好朋友阿德里安娜所收集的故事集，没有看到话剧《茶花女》，没有后面坚持阅读、坚持工作的经历，我想，香奈儿可能不会成为传奇，更不可能在人生几个关键时刻，活得通透，看得明白，走得踏实。

她是时尚界最浓郁的色彩，也是活得特别精彩的女人。这一生，她活出了自我，也活出了自由，但提到对自己影响最深远的事情，香奈儿依然坚定地说，是独立，是工作。

如果没有坚定的信念，没有想靠自己双手改变命运的决心，我想，任何女人，或者是任何人，都无法找到自己的前方。

真正的独立应该是香奈儿这样，永远持有改变自己的勇气与决心，只有这样，她才能脱口而出："假如生活并不曾取悦我，我要自己创造想要的生活。"

如果还不能开口谈钱，
说明你不成熟

01

  谈钱，真的很俗吗？若问刚刚大学毕业的我，我一定嗤之以鼻，为何要谈钱，多伤感情。

  感情至上的我，毕业后，花钱大手大脚，见到喜欢的东西绝不会"心慈手软"，因此，我几乎没有任何存款，有时还会是"月光族"。毕业后，来到光怪陆离的社会，跌跌撞撞好几年后，才懂得了一个真理，没有金钱做支撑，就没有生活可言，若不懂得合理利用金钱，你会为下个月的房租发愁，会为还不上的信用卡发愁，会望着商店里穿不起的衣服发呆。

  有一次参加线下活动，我们谈到金钱，一个女人对我说，她看不惯现在的年轻人，因为她们把钱看得太重要了，为了钱换工作、换男朋友，没有钱，女孩不愿结婚。难道不可以理想主义一些吗？

她问我，你这个文艺女中年，怎么看待金钱？

我说了一个故事。我采访过一个令我很羡慕的长者，之所以羡慕她，是她把家建在了一个庄园里。那里都是鲜花，她每天早晨很早醒来，打理这些鲜花，喂养宠物。

我问她，怎样才可以活成你这般模样呢？

她直言不讳地说，趁着年轻，多赚钱，赚到第一桶金，就要开动你的智慧让钱生钱。这个世界一切都在改变，不变的法则是你拥有赚钱的思维和行动。只有花自己赚的钱，才有底气。当然，你只有特别努力，才可能赚到钱。

我深以为然。特别感谢这位长者，她并没有脱离现实，告诉我一些玄而又玄的人生经验，只是告诉了我，爱惜金钱，努力工作，这就是年老以后幸福的秘诀。

赚钱的能力是摇钱树，节约的能力却是聚宝盆。要想过得好，两者缺一不可。金钱真的很重要，没有它为基础，你会没有时间抬头看月亮，因为生活会逼着你一直低头寻找"六便士"。

02

我和一个作者去做活动，看到他的履历，我暗自吃惊，对方实在太优秀了，而且有种不食人间烟火的灵气。距离活动还有一个多星期的时候，主办方在群里问我们演讲准备得怎样了。

那个作者却反问主办方有没有买自己的书，他的活动经费什么时候给。

我看着他们在群里就一些报酬、礼物谈得很仔细、透彻时,觉得这样直接谈钱的方式挺好,每个人都能得到自己想得到的,不躲闪,也不用刻意伪装。

私底下,我曾问那个作者:"你这样直接,不担心会影响自己的形象吗?"

他回答:"不会,面对利益的分配,直爽一些更好。我们身边最缺少直接谈钱的人,却不乏不肯让出自己利益的人。"

我一直认为,能够处理好金钱和爱情关系的人,是绝顶优秀的人。我们在人生这条路上,坦白来讲,除了爱,还有钱。爱,让我们内心柔软;钱,让我们双足踏实。没有金钱支撑的爱,苍白无力,没有爱支撑的生活,苦涩无味。

有一句说:"小时候对钱只觉得庸俗,长大后对钱只剩下喜欢。"

二十多岁的时候,没有买房买车、怀孕生子的压力。在一个行业里做上三五年,基本上可以拿到一个不错的薪水,每个月还会有存款。

一旦结婚,买房买车后,生活几乎是一夜回到解放前。我身边在北京买房的朋友,每个月拿到工资,第一件事情就是赶紧还房贷。一个朋友曾说,原来让我们由懒惰变得勤奋的事情,不是长大,而是买车买房。

03

一个同事曾表达过类似的感觉——她现在虽然是"月光族",但她坚信自己三十岁以后,一定会存很多钱,她会越来越富有的。

可人生的真相是,随着年龄的增长,可能我们手中可支配的钱会越来越少,花费却会越来越高。你在生命中会迎来你的爱人、你的孩子,然后,你要按照自己喜欢的样子装修房子,包括你喜欢的车,你要进修的学位。拥有这些,都要靠勤俭节约、断舍离换来。

普通人赚钱的黄金期真的比想象中短。因此,知乎上的热点帖子,大多都在讨论——过了三十五岁,还在投简历的人是不是比较惨?或到了四十岁,企业里被"优化"赶走的人去了哪里?多去翻翻类似的帖子,会让人看到真正的职场真相,同时也会更珍惜时间。

如果二十多岁的时候,不珍惜时间好好赚钱,甚至挥霍金钱和时间,三十岁的时候可能还是会潦倒如初。一定要牢记,不是所有人会随着年龄的增长而日益富有。富有与年龄并没有直接的关系。金钱有它自己的偏爱,它偏爱努力、勤俭的人。

不要排斥金钱,不要一嗅到商业气息就喊铜臭味,其实,拥有更多的金钱,意味着拥有更多的时间,更多的自由,更多的选择权。

所以，签订劳动合同之前，一定要问工资、在意工资，这是对你价值的肯定。去做一件事情之前，一定要多想一想，这件事会花费你多久的时间，这是对你生命的尊重。去爱一个人之前，不要忙着摊牌，先去了解对方需要怎样的爱，会让你更懂得爱。

第七章 认真生活的勇气最可贵

去做线下演讲,有人问我,采访过那么多优秀的女人,特别崇拜哪一个?

肯定是自己的妈妈。毫无疑问。

我们身边不乏各种优秀的女性,身上都有着独特的闪光点。她们智慧、可爱、聪明……数不尽的优点,但她们只能是她们。

唯有妈妈不可替代,因为她不仅是最爱我们的人,更是愿意拿出所有来爱我们的人。

不仅如此,不管我们过着怎样的人生,她都在我们身边一直拥抱着我们。

判断一个人是否成熟的标准,我想应该是,他是否懂得去爱母亲。

认真生活的
勇气最可贵

01

我看过梁东写的一个故事。他和蔡澜是好朋友。近80岁的时候,蔡澜在香港开了一家越南牛河粉店。梁东问蔡澜:"为什么这么大年纪了,还想着要开店?"蔡澜回答:"我爱吃。"

怎么制作牛河粉呢?蔡澜每次熬好汤以后,觉得味道不对,然后就倒掉,足足熬了六次,才熬出了自己想要的味道。然后,经过不断改良,蔡澜终于做出了自己想要的越南牛河粉。

这个味道为何一直嵌在他的心中呢?这与他少年时的经历有关。那时,他家里请了阿姨,最爱做猪油炒饭,他一直记得那个味道,那是贫瘠生活中怒放的香气。除此,令他怀念的还有母亲亲手制作的青杧果果脯。

抗战后,百业凋零,大家都很穷。于是他的妈妈就跑到山上,把那些青涩又难吃、没人要的青杧果摘下来,洗干净,放在蜂蜜、姜里腌制，做成果脯，拿到集市上去卖钱。最后赚了很多钱。

要知道，那个时候，她的妈妈是学校的校长。在贫苦的生活中，他觉得母亲身上有一种智慧，那就是让自己过好生活的能力，在最困难的时候，用最低的成本追求到了最好的生活。而这种能力、这份认真是让人最羡慕的。

就像命运一直在用不同的方式出各种难题来考验我们，我们依然能从最基本的生活方式中找到浪漫的养分，灌溉出诗意。在我看来，这才是真正的诗与远方，也是最值得我们一遍遍致敬的地方。

02

这也让我想起了自己的妈妈。成年后，我最怀念的味道依然是家里最困难的时候，妈妈做的不同味道的烙饼，各种面食小吃。我的妈妈似乎有一种特别神奇的本领，即使给她最简单的食材，她也能变出花样来，做出不同的食物。

当时，我和爸爸出了车祸，在家休养。因为疼痛，我和爸爸的心情都不好，垂着头，睡到不知道睡觉究竟是什么滋味了。多亏了妈妈，她不仅开导我们，还做各种美食来哄我们开心。

妈妈跑去外面，采摘榆钱叶和洋槐花，接下来的几天，我们吃的每一顿饭都不同。榆钱叶带着春天的清香，被妈妈做成了绿色的窝头，她又弄了红色的米椒、蒜、花生碎，在滚烫的油里翻滚几下，放到窝头上，鲜香扑鼻。还有那洋槐花，裹上一层面糊，加鸡蛋拌匀，蒸熟后，用辣椒油、蒜、生抽拌匀，简直是人间美味，我百吃不厌。

直到现在，每到春天，我都会让妈妈准备榆钱叶和洋槐花。除了妈妈，任何人都做不出那种独特的春意，那是妈妈生活的智慧，任谁也夺不走的对生活的款待。

我刚刚开始工作时，总是要到各个城市出差、讲课，我每次都会奖励自己去品尝当地的特色菜。去过很多地方，吃到了各种美味后，才发现，自己心中美食的标准其实是妈妈做的菜。

因此，一个女人如何过好生活，就是看她在贫困时是怎样的姿态。过好困难的每一刻，靠的是对人生的正确理解以及真诚的敬意。

03

"哪怕屋檐和屋梁把生活压得再低，但是我觉得它还是有另外一片天空的希望。"我特别喜欢这句话。

每个人都有特别难挨的时候，而这时就是分出我们对生活热爱程度高低的时候。

我在想，多年后，待我们像蔡澜先生那般年岁，最怀念的是什么呢？

应该就是这些生活细节的美好。在最困难的时候，我们依然没有忘记去爱，去拥抱，去付出。我们还在仰望星空，希望未来有另一片天空。

　　不管生活怎样，都要认真地活，认真地做，这样，我们便会迎来自己所得的幸福与快乐。

妈妈都是胆小鬼

自从我生了宝宝,妈妈和婆婆两个人轮流来帮我带孩子。转眼,我的宝宝快三岁了,很乖很听话,也很依赖我。我非常累,但很满足、幸福。

记得生他前的三天,我还在工作,医生检查说我要生了,情况有点儿不太好,要住院观察,我有些不敢相信,毕竟距离预产期还有一个月。

生宝宝的前两天,我一直在吸氧,第六感告诉我,宝宝其实有些危险,我的依据是他没有之前那么爱动了。但每个来检查的医生都告诉我,一切正常,请我相信她们的专业能力。那几日,我特别焦虑,经常看向窗外,炎热的八月,外面的天空湛蓝,没有一丝风。

我只能把自己微妙的焦虑感一股脑地告诉妈妈,因为我的先生当时还在飞行。妈妈跑到医生身边,一遍遍地表达:要不给她剖宫产吧!她自己觉得情况不对,而且今年也三十多岁了。更重要的是,她怕疼。

妈妈的诉求每次都被反驳回来。医生的态度也越来越差,他们都觉得我高度敏感。而我真的感觉到了危险。这是一个很难的选择：你是应该相信医生的专业度，还是要相信自己的第六感？我和妈妈都选择了后者。

妈妈信佛，夜幕降临时，在医院，她拉上了窗帘，朝着我老家的方向跪拜了下去。那一刻，我有些伤感。她即将七十岁，还要为我这个成年人操心不已。奇迹出现了，就在晚上，我开始觉得肚子很疼。医生来了两次，来帮我检查，安慰我，让我不要太紧张。

我赶紧给医生申请，我要剖宫产。医生拒绝了我：明天是周六，周末不安排剖宫产。

第二天清晨，我的妈妈一次次跑到医生身边，告诉她，我的情况很危险。那一刻，我非常感动，因为只有我的妈妈还在无条件地相信她的女儿，认为我的第六感是准确的。

无奈，医生听不太懂她的方言，交流不畅。后来，妈妈申请拉来胎心检测的机器来检测，护士拉来了一个很大的机器，有些不耐烦地操作，嘴里嘟囔着"就你事多"。

我妈妈说，姑娘，你这么说话就不对了，咱用机器的检测结果说话。

结果不到两分钟，机器叫了起来。我妈妈听到机器的叫声，赶紧跑去给医生说："啊！那个机器，啊！它在叫呢，特别吓人！"

医生也被吓坏了，立刻狂奔到我的床位。随后又跑到楼道里喊："快来！708B床危险，紧急剖宫产，就位！"

那个清晨,大家刚刚上班,整个楼道都在喊着传着我的名字。

不一会儿来了两个医生,一个麻醉师,我只记得自己被慌乱地架在平车上,一路上只有影影绰绰的顶灯,还有平车轮胎撞击地面的咯噔声,急救通道旁边还有一张中年女性面孔,颤抖的瞳孔和痉挛的嘴角仿佛要表达着什么,我听不清了。

我的妈妈说她当时已经吓得腿软,走不动路了,原地不动地看着我的床位被推走,哭了起来。

在手术台上,医生说:"你竖切吧,没办法选择了,因为孩子情况紧急。"一直到现在,由于体质问题,我肚子上还留着一道很粗很粗的疤痕。

幸运的是,半个小时后,我的孩子就出生了。医生和麻醉师也都很高兴,特意抬起孩子的屁股,让我看是男孩还是女孩。

我被推出手术台的时候,先生来接我,一脸泪。推车的医生说:"这么好的事,生个儿子,别哭了,要高兴。"妈妈去接宝宝,看到我被推回来了,特意骄傲地给我说:"据说小孩子第一眼见到谁,会格外像谁,跟她比较亲。"还给说:"小男孩,长得真好看,特别好看,手修长,很白。六斤二两。"先生说:"眼睛很长,睁开了一只眼,嘴巴像你。"

但我不敢看他。特别美好的东西,拥有时,人就像个胆小鬼一样,不敢相信,不敢睁眼,甚至不敢拥有。妈妈面对自己的孩子,更是如此。

妈妈说:"我生你的时候也是紧急剖宫产。当时生你,我被疼'死'过去了。医院偏僻，又是晚上，没有水喝，你爸爸跑了很远的地方去拿热水。我也不敢看你一眼。"

当了妈妈后，我们都变成了胆小鬼。

对，我也成了胆小鬼。怎么突然一不小心，我来到了一个处处是牵挂的年纪，一点儿不敢出差错，也不能出错。我对自我的成功没有了那么强烈的渴望，但我知道自己要强大起来，内心要非常强大，才可以支撑起我所拥有的一切。

自从做了妈妈，我突然之间成熟了。整个人变得平和了许多，不再像从前那么封闭，也变得更有耐心了。虽然有时会非常焦虑，但很快就能平静下来，会认真地分析自己错在了哪里，突破口在哪里。

自从做了妈妈，我变得温柔了许多。亦相信人善意居多，也很怀念从前走散的朋友们。悔恨当时如果大度一些，不那么自我、激进，说不定现在还会有联络。但同时也突然更加坚定，人和人之间的缘分，聚散终有时。

但不可否认的是，我成了一个不折不扣的胆小鬼。害怕失去眼前的幸福，也怕身边的人受伤。我要更勇敢一点，坚强一点。

我不仅要依靠自己，也要成为被依靠的那个更好的人。

孩子天价，爱也天价

01

我趴在办公桌上睡着了，好舒服，我感觉自己往下掉，往下掉。哇！腿一个颤抖，身体猛地一震，差点儿掉到椅子下面。听到有同事开玩笑，说我每天中午不吃饭，累得趴在桌子上睡觉。他们很年轻，还不能理解一个新手妈妈到底有多缺觉。

有人问我：做妈妈这件事，你后悔了吗？

当然没有后悔。

之前，我还在想，人这一生不结婚不生子，其实是自由的选择，我们活得不必跟所有人都一样。现在，我却坚持认为，如果有机会生孩子，女人真的要去拥有一个孩子，体验一次完全地去爱一个人的感受。这和爱情是不一样的感受，要更温柔、更投入，也更真切。

我的孩子仿佛就是我，小小的我，我看着他一天天长大，弥补了自己成长中的记忆。原来我是这么长大的，我的妈妈曾经这么费力地养育着我。白天伤口疼,晚上睡不好,还要做家务,冲奶,写作,看书,与客户谈判,减肥……

我经常看到别人写无所不能的妈妈,后来,我慢慢理解了这句话。每一个做了妈妈的女人,都需要一种智慧——平衡的智慧,舍弃的智慧,成长的智慧。一个妈妈不可能面面俱到,但一个智慧的妈妈会透过疲惫的生活看到它给予我们的温柔瞬间。

做了妈妈,生活一定会支离破碎。时间和精力都被划分成了更细小的连接。不仅如此,你还要精疲力竭,你还要备受打击,连连出错后,才认识到你很弱小、脆弱。

02

突然想起,之前有个做了妈妈的同学向我哭诉生活的种种不公,那时,我真的不能完全理解她。只有做了妈妈,才能完全理解自己的妈妈。真的。同时,我也感谢生活的偏爱,虽然我拥有了宝宝,但自己身边一直有妈妈陪伴着我,帮我看护着孩子,让我安心去工作。

因此你看到的我,即使累得像狗一样趴在桌子上,仿佛不用吃饭就能力气满满,是因为我知道每个自由的时间都是用我妈妈辛苦的时间换来的。所以,我只能更努力,工作的时候,用力地工作;做妈妈的时候,好好地扮演好妈妈这个角色。

工作和孩子的确是不能平衡的。有时,你看到游刃有余的妈妈好像能完美地做好每个角色,可能她早已崩溃无数次——堵奶疼到怀疑人生时;孩子生病夜里频频醒来,趴在你身上睡觉时;出差听到电话那边孩子的哭声时;胖到无法穿回从前的衣服,抓着腰部的肉,胃却告诉你它饿了时……太多了,类似这样的时刻其实很多。

我累得厉害,但我内心也幸福得厉害。只有你是妈妈,在街头看到适合宝宝的玩具和衣服,你慌着给他买时,当你看到路边走过的宝宝,内心生出无限温柔时,才能懂我的幸福。

03

记得最初怀孕时,我是那么排斥、担忧。我一次次确定,不敢置信。看着一年的工作计划——我要出书,要拍视频,要做线下女性成长读书会,而在这个关键时刻怀孕,实在有些不甘心。

在刚得知自己怀孕时,我顿时觉得自己和过去不一样了。整个世界仿佛都是我的敌人。我要安全,我要更强大,有时,因为太过用力,我会一边害怕,一边缩到自己的世界里。记得当时公司团建,我请假,但明显能感受到自己的失落。我们是新媒体公司,同事们大多是刚毕业的学生,完全无法理解孕妇的不适与不便。没关系,我已经不需要别人来理解了,只要我能舒服地过一天,不呕吐,不难受,能稳当地坐在椅子上,对我来说,就是莫大的幸福。

我的脸上开始长痘，一层层，我的胸部开始长黑色的斑，肚子慢慢膨胀，经常腿肿，胳膊也酸痛。我只能忍着。

一天下午，我一屁股摔坐到了地上，我放声大哭，直到去了医院检查，确认无事，我再也没有过想要放弃他的想法。当时摔那么厉害，直到现在我坐凳子久了，也会隐隐作痛。而我的孩子安然无恙，这不是最深的缘分的联结吗？

有了这样的想法后，我开始积极了起来，孕中期与孕晚期，我的状态特别好。我每天穿戴得漂亮整齐，也会化妆，然后去上班。我没有做过胎教，但我经常看电影、看美景、吃美食，每次都会在心里告诉他：嘿，小宝贝，我正在带你体验美好人生。我现在只是你的小姐姐，马上就要是你的妈妈了。

妈妈，这个称谓真的太伟大，以至于直到现在他叫我妈妈时，我才慢慢习惯这个称呼。

因此，那些为怀孕而纠结的你，为了生孩子不得不放弃一些工作和生活的你，真的别难过。好好享受这段时光吧。每个女人拥有孩子时，注定要放下一些你平日里认为很珍贵的东西。我也放弃了很多，比如，上海书展时，尽管编辑已帮我申请了展位和讲座，但恰好是我住院的那几日，也只能被迫放弃了；有人想请我去主持新书发布会，也默默地换成了别人；女性成长读书会，就在上海外滩的读者书店，每一期都需要我来对话嘉宾，我也无法再出席……类似被放弃的机会，太多了。

我只有一声叹息。我不上进吗？不努力吗？显然是否定的。

只是，我要按暂停键了。我不敢祈求所有人等我，给我一些时间，我只能面对遗憾，沉默，并接受。

有人问我，为了孩子值得吗？

真的没有什么值得或不值得。如果有那么一个激进的选择，让我在孩子与任何东西之间做选择、做比较，我也会毫不犹豫地选择护他周全，因为我是一个妈妈啊！

我可以不是一个完美的女人，可以不是最好的员工，但我发誓，做妈妈，我要认认真真地做最好的妈妈。我生命的意义是成为更好的自己，而成为更好的自己的理由是，我要成为他的一盏明灯。

如此想来，好像所有的磨难、所有的遗憾，都可以去经历、去面对。

那些和我一样，做了新手妈妈的你们，如果孩子让你暴怒，如果也在抑郁，如果也不幸地和我一样要放弃许多，请记得，有许多人和你们一样纠结过，但不用权衡，孩子是无价的，爱也是无价的。当然，最重要的是，你也是最珍贵的存在。

爱是体面地退出

五十五岁退休的那年春天,雪姨的世界格外低落,家里的绿植死了一片。

低落,不是因为她签退休单的时候摔了腿,而是她唯一的女儿禾子,离婚了。可是,谁敢相信,谁会相信,禾子居然敢逆着母亲,在三十岁这一年离婚呢?读书时,一直是学霸的禾子,又乖巧又优秀,而后又在他人羡慕的眼神中前往美国读了博士。毕业后,在雪姨的呼唤中,回到了国内某央企,胜任要职,过得风生水起。

雪姨翻出了全世界她能触到的关系网,张罗着给禾子相亲,一个又一个,禾子一心扑在事业上,看相亲对象像田地里生长的白萝卜、土豆,无趣又较真儿。

又是雪姨拿着放大镜反复比较,最终确定了一个与禾子旗鼓相当的女婿。雪姨松了口气,合上了自己的小本本——本子上记录的都是男孩们的详尽资料。

雪姨是个认真、勤勉、骄傲的老太太,在她看来,生活就是奥数题,只要认真地一步步解答,普通人一样可以解决。可生活哪有标准答案呢？这段时间，她的女婿总是驻外工作，雪姨很担忧两个人的关系，便费尽口舌想说服禾子赶紧生宝宝，以此来拴住男人的心。

禾子答应了。

雪姨哼着小曲，开心地帮他们打扫房间时，突然翻到了女儿的离婚证。禾子这才告诉雪姨自己已经离婚半年了，原因是她的先生，啊不，前夫出轨了。

雪姨惊恐连连，羞愧难当。她沉默许久，黯然地关上了自己的房门。

离婚，在禾子眼中本是寻常，在雪姨的世界却犹如雪崩。之前开朗、爱说笑，又"傲娇"满满的雪姨，仿佛孔雀般收拢起羽毛，缩在角落里，一蹶不振。

姐妹们邀请她去旅行，亲戚发来的结婚请柬，公司的周年庆邀请，雪姨都以腿疼为由推掉了，尽量不出家门。她整个人瘦弱了许多，而且总是自己跟自己对话、较劲。每次想到别人知道禾子离婚这件事，会在背地里怎样嘲讽自己，雪姨的世界就会下一场冰雹。

禾子只好请了长假，想陪陪母亲。

雪姨听到禾子会耽误工作，不由得破口大骂："难道不知这灾难都是你带给我的吗？你太没出息了，连个男人都留不住。"禾子没有控制住情绪，立刻回怼她："你不是也没有留住我爸爸吗？"禾子很受伤，失去了老公，现在也失去了妈妈。禾子立刻买了机票,一个人跌跌跄跄出国了。

雪姨的世界一下空了,她陷入了更深的痛苦和迷茫中。雪姨年轻的时候,离过婚,她的人生一直有一个信念,那就是不能再让女儿重蹈覆辙,因此她小心入微地维护禾子,为她设计好所有的路。可她还是走"错"了。

从表面上看,是雪姨无法接受女儿离婚这件事,深入分析,会发现这是雪姨内心特别"脆弱"的表现。禾子,作为一个事业有成的三十岁的女人,下定决心结束一段不合适的婚姻,不能算是一种羞耻,反而是一种解脱。三十岁的优秀女人,最有魅力的时刻,完全有可能、有能力去开启新的人生。

可是,雪姨为何如此脆弱呢?是因为她还在用过时的道德观来衡量这件事,认为女人一定要结婚生子,要有一个可以依赖的家,才可能获得幸福。除此,她没有意识到自己在掌控女儿,这种母爱是没有边界的,期待女儿什么都要听自己的。

绝大多数父母都可以做到终身相依,却做不到与孩子分离。因为分离,意味着一个母亲要学会放手,让孩子去做完整的自己。因为太爱孩子,所以才控制不住自己想去一手安排她的未来。再深层次地来分析,其实是太爱自己了,爱自己的荣誉,胜于在意女儿的感受。

爱,真的会让人迷茫。它会让父母忘记,他们也要成长,速度要超过孩子的认知,更要超越从前的自己。

爱,是一种能力。爱的能力就像学习语言一样,如果想要运用自如，就必须反复地学习、练习，提升自己爱的能力，才能掌握它。爱不仅需要一腔热血，义无反顾，爱更需要理性，需要自律的约束，需要边界的限定，需要妥协的商讨。

真的有人会因为孩子或亲人的遭遇来评判我们的一生吗？答案自然是否定的。

心理学有个名词叫"透明度错觉"，形容的就是雪姨的感受，我们以为自己所做的一切都会被人注意到，其实是因为自己的敏感和脆弱。尤其是高敏感的人，由于过高的"人际敏感度"，别人的一个动作，一句话，都会让他们想太多。

与周围的人群保持适当的"人际敏感度"，也就是不要过度地解读别人，会让自己更舒服。

就像西方哲学有个故事：一个人被关在了一个房间里，看到墙面呈现出自己不同的模样，那些模样，有的令他恐惧，有的令他坐立不安，有的令他稍微安心。

直到房间里的灯亮起，他才明白，这是镜子屋，他看到的每个自己都是内心的折射，与他人没有任何关系。

所以，把内心"脆弱部分"敞开，像往常一样，靠近人群，走向阳光，阴霾自会散去。

爱女儿，更爱自己；重视自己的情绪，更尊重女儿的感受；重新开始生活，重拾爱与信心。你会发现，这个世界和以前一样。若有不同，那一定是更广阔了。

第八章
定力，是一个人的魅力

我们做的每一个选择，其实都和自己对生活的理解有关。而我们对生活的理解，源于自我的定力。亲爱的你，一定要去做长期主义者，在漫长的人生之旅，用时间和积累为自己铸造一座灯塔。有了它，就不会迷路。孤独时，也仿佛有了心灵的依托；迷茫时，仿佛也能拨开眼前的迷雾。定力，是灯塔的源泉，是生生不息的力量。心安静的时候，才会定，定了心，才能生慧。如此，人才有趣，生活才有远方。

换一种视角，
重新理解错过与选择

01

再见暖暖时，是一个下着大雨的春天，我们先是吃了火锅，又跑到咖啡馆聊了许久。

她告诉我，二十三岁那一年，她出版了第一本书，一副文艺又美好的模样。有投资人找她，问她是否愿意和自己合作，成立一个公司，打造她的个人空间，包装她。她成功地走出来，以后会活得更自由。

暖暖拒绝了对方的邀请。她心想，我现在就很自由啊，有一份自己喜欢的图书编辑的工作，还可以写小说。再者，她对包装这个词不屑一顾，她受过的教育，每天阅读的书告诉她，要活出自我的第一步，就是要与真实的自己相处，尊重真我这一面。

如今暖暖三十二岁，再次遇见了那个投资人。想想二十三岁那年她没有答应，一开始有些后悔，再加上听对方说自己包装的几个写作者如何风光，暖暖只能在心里默默哀叹。

而后，暖暖一夜未眠，听《道德经》，听到"厚德载物"那一章，终于冷静，追悔莫及的心安稳了许多。她意识到自己的厚还未积累到一定程度，德并未立得住，就想承受比自己的厚与德要沉重许多的能量，身心都会失衡。失衡的状态下，人很难做事情。

有时候，人真的要感谢自己慢了一拍。就因为慢了这一步，十年来，她一直在摸索真实的自己的模样，走了许多弯路，读了许多书，流了许多泪，也明白了许多道理。她虽然没有很自由地过上投资人所说的那种自由且美好的生活，但一直在做自己喜欢的事情，并在十年后，成了真正的创业者。

暖暖骄傲地说，你要知道这路是我选择的，并且是自己走出来的。

我问她，如果再给你一次机会，回到二十三岁那一年，你会答应投资人的请求吗？

她说，应该还是不会。

只能说是机缘不够，也就是机会来了，缘分不够。你没有准备好的时候，有机会来敲你的大门，你是不敢打开的。因为对自己的认识不够，对社会的认知也狭隘，当一个人没有准备好的时候，没有办法突破自己成为另一种人。自我都有局限性，而世界却是无限的丰富、饱满。

世界不会因为我们的局限而就此留步，它还在按照自己的节奏往前走。所以，只能换一种角度看待生活的种种。然后，还要告诉自己，如果机会来了，即使没有那么想要，也要分析一下拒绝的理由。

暖暖说，那一批被邀请的作者里，大多做得都很不错，但得失平衡。有人职场得意，情场失意，有的分手，有的离婚，聚散无比热闹。在巨大的财富涌来时，没有被过往打击过的人，很容易迷失，以为这是属于自己的能力应得到的果实，却没有正确地认知到，这是时代的红利，自己恰好走到了那个节点上。

02

我在二十几岁的时候，也做过许多尝试，当然也错失过许多机会。那时我二十六岁，出版了第一本书，我从未想过，那本书一下把我推到了畅销书作家的位置。我收到了许多编辑的约稿，还有电视台节目制作组的邀请，可当时的自己真的是认知不够，又过于天真，并没有很好地接住一些机会。

经常想象，假如让我重新回到二十六岁那一年，以我现在的智慧和对这个世界的理解，我肯定比现在更成功。因为作为先知者，我会避免一些年轻时跳过的坑，我会选择对自己更有利的通道，我会更积极主动，不再那么拖延，更不会抱着温和的丧的品性沾沾自喜。

但时间的通道只有一个,我们都无法带着现在的经历与阅历,去重新开启之前时间的大门。你我只能往前走,以现在的智慧去迎接当下的挑战,以现在的心境去面对真实的世界,这就是无法重来的人生。

03

不到最后,你很难明白,那些错失的机会真的是属于你,还是放了你一马的诱惑与陷阱。所以,错失机会时,不要悲观,不要沮丧,要有绝对的耐心,站在路口,等风再来。

风再来时,你才有足够的定力迎接它。

张爱玲说,成名要趁早。我却有不一样的看法。过早的成名,名利、掌声、鲜花、赞誉,一旦都向你涌来,而内心定力不足时,很容易被冲昏头脑,以为得到这一切都是理所当然的。

但人不能一直站在坦途上,总有那么几个时刻,我们要跌倒,要一蹶不振,要迷失,要接受诋毁。之前成功的顺利,此时会让你我变得很脆弱,迎不起风雨,也低不下头。但人格的锤炼,人格的魅力,其实是在后面这些挫败或不如意中完成的。

看一个人的作为,不仅仅要看他成功时的姿态,更要看他如何与失败相处,以及握手言和。

04

　　后来我才明白，成长的大部分时间，都是在学习接受，接受失败，接受错过，接受离开，接受不如意，接受突如其来。真正接受的过程，就是对自我的接纳，开启了另一种成熟的思维。如果不接受，身上固有的少年气会失去可爱，和真实的年龄有着违和感，形成一种固执、拧巴的特性。

　　困惑时，换一种角度看生活，会得到另一个自己。你会看到心之所向，也会看到远方。

　　许多事情无法勉强，成年以后，要相信因果循环。但我们不要在果上纠结，要重视因，培养因，给因更多的时间与付出，才会有果的收获以及价值。而这，也是长期主义者的选择，不在意一时得失，会以智慧来迅速调整思维，重新面对挫败或黑暗。

　　那些囚禁在自己的河流中，独自渡河，偏执得厉害的人，哪怕河水冰凉，哪怕长路漫漫，他们也不愿意爬上岸。当然，更多的他们，已经迷失在了前往彼岸的路上，抱着绝对的对或错，绝对的成功或失败的概念，不肯放过自己。这一生，他们都无法主动离开。

　　庄子说，生而为人，仿佛进赌场。我们所说的每句话，每个行动，都是赌注。内心沉稳的人，把赌注看轻的人，仿佛永远有另一条路可走。

每年都要送自己几个关键词

01

一年之中，最好的季节是春天。一个朋友告诉我，春天适合计划、向上，所以买课、报班的人会很多；秋天适合沉思，所以买书的人最多。朋友把她的计划表发给我看，满满当当，每一个目标都好难实现。比如去留学这个目标写了好几年，换工作这个目标也只是想想而已。

我问她，为何要列那么多有挑战压力，且难以完成的事项呢？

她回答，心里也清楚许多目标并不能实现，但这样可以激励自己向前冲啊！人生就是向前冲冲冲，不前进就是后退。我是无法接受自己后退的，哪怕一步。

那种感觉，仿佛慢了一步，自己的计划就会被搁浅。许多时候，我们混淆了前进和后退的位置以及关系。行而不辍，未来可期，是一种前进。卧薪尝胆、退避三舍、退一步海阔天空，从表面上看是退，其实是另一种前进。

其实我们写下来的目标，多半是欲望的影子。要不停地审视和观察所写下来的这些目标，才会发现它们的分散。一个人处于核心之中，想做的事有无数个触角，在时时刻刻伸展。目标塞满了前行的路，那就是没有目标。想和全世界的人做朋友，就会无法收获任何一个朋友。

我们要有目标，但更要有方向。目标很脆弱，万一无法实现，只要明白走在属于自己的方向上，就不会那么迷茫，那么空洞，以及焦虑。

02

自从我开始教人阅读和写作，我会要求大家先找到我，和我聊聊自己跟我学习的原因，期待得到什么，以及目前自己的写作水准，我都要了解清楚。然后我会给他们定几个关键词。

有一些朋友一开始就告诉我，自己要写文案变现，据说写作目前很赚钱，等等。我也一定会严肃地告诉他们，写作也有自己的金字塔。塔顶的人，因为投入了更多的时间和精力，才会拥抱更多的资源。但写作赚的是辛苦的钱，一个字一个字地写，一点点投入，无法快速，一旦拔苗助长，注定会溃败。

其实每个行业都有自己的金字塔。金字塔的风景丰富多彩，各司其职，各有压力。站在塔顶，自然登高望远，但也高处不胜寒。在塔底，更多的人在努力攀爬，也在酝酿，但同时意味着更多的选择和机会，可以随时选择离开，也没有塔顶人的沉重压力。

所以，为什么年轻的时候我们更容易困惑，找不到自己呢？

因为在我们面前的选择很多，尝试很多。当一个人还在塔底漫游，并没有完全地想把身心投入一件事情中，也意味着这个时刻的自己是容易分心的。分心，是走向成长的路上每个人都要经历的阶段，谁也不可避免，尤其是一个人特别年轻时。

我公司一个刚毕业的小朋友前来实习，她经常来问我各种问题。最令她纠结的问题是，马上研究生毕业，也算是名校，但选择太多了——她可以去出版社工作，也可以做自媒体创业，还可以回到自己的家乡—— 一个县城里做教师，免去漂泊之苦。她究竟该走哪一条路，什么才是正确的选择。一些平台似乎了解了她的关注点，总给她推一些回答。她看了回答，内心更为迷茫。

我从不给人建议，无路哪条路，都不是坦途，都要一步一个脚印地走。每一个选择都有风险，但也都有风景。我这个时候更不能说，你要问你的本心，看你的喜好是什么。因为一个人对自己的认识不完整时，是没办法分清楚自己究竟爱着什么，愿意为什么付出的。总要走一段路，才可以看清自己是谁。这个过程，谁都不可避免。

但一定要经常给自己一些关键词，代表方向的关键词，可以经常地修改它。尽量地把人生想长远一些，假设自己五年后，十年后,甚至这漫长的一生,自己想成为什么样的人,过什么样的生活,和什么样的人交往。

你要尽力延展,尽力想象,尽力把自己身上各种最大的可能性想清楚了,关键词的话语权就会更重要,你也会更明朗。当然,属于你人生的关键词会变。变化是好事,说明你在思考,在探索,也在重新定义你自己。

03

人到中年,我很怀念自己青春年少的那些年,尤其是大学毕业后的那几年。那时的我,带着一些散漫,带着不可一世的骄傲,带着几分探索的欲望,仿佛全世界都是我的金矿,我只需要俯下身去,辛苦地挖掘,就可以满载而归。我真的以为人生简单又直白,而我也可以一直勇猛向前。

我多么想永远保持那种姿态,带着矿工的认真与勤勉,一直挖下去,不问西东。那个时候,年轻的我并不知道,那种投入的心境就是初心,如果一直保持,也会有很好的收获。但有的人一边挖,一边东张西望,最终落荒而逃。这个世界属于全神贯注的人,属于那些紧握着自己方向的人。

不知不觉,我怎么突然来到了中年的阵营。每晚睡去,清晨醒来,我都要提醒自己一遍,多么美好的一天,不管今天遇见什么样的事,都要对自己好一点儿。要更珍爱自己,毕竟谁也无法替自己决定要过什么样的生活。人生注定越来越辛苦，但也越来越值得。

每年立春那一天，我才觉得自己新的一年开始了。我会郑重其事地在这一天写下专属于自己的几个关键词，代表了我今年要努力突破的地方。写下的目标会变化，但关键词不会。

比如今年的关键词，我写的是要踏实、承担，也要学会缓慢、坚定、专注，具体的要求是出版一本好的书，找到合适的摄影师拍五十条视频，直播五十次，寻找十个以上的平台合作，去远方见十个朋友。每次遇见问题时，我都会仔细地来看这几个关键词——踏实、承担、缓慢、坚定、专注，对比我要做的事情，若没有偏离，内心就会平静，若有所偏离，就赶紧悬崖勒马。关键词，让我有了方向感。

我开始慢慢地向身边的人推广关键词。当他们受益时，向我感谢时，我的内心涌现出了一种被理解的温柔。人这一生，就是在寻找同行者。

生活越来越便利，一个人的生活也越来越没有难度。但要永远记住，人虽然是孤独的，但也是群居动物。一个人可以走很快，但一群人可以走很远。

每年春天，我都会带着专属于自己的几个关键词，以及拆分的目标出发。跌倒时，目标挑战失败时，再对比一下关键词，就会感慨，原来我还在这条路上，如此已甚好。要进取，要勇敢，不必求多，求多必失。

拥有向上选择的期待，
也要承受向下坠落的痛

01

大年初二的下午，我坐飞机从山东回上海。本以为机场会空荡荡，没想到飞机上坐满了人，都在返程。原来这个世界比我想象中忙碌且拥挤。突然感慨，新年也不是所有人都闲下来享受生活啊！有一些人还在风雨中穿梭，快乐毕竟是稀缺品。

坐在我旁边的是一个女孩，一直泪眼婆娑，给一个人打电话，好像在恳求对方。飞机起飞，女孩一直在落泪，哭得很伤心。我不知如何安慰她，想来想去，还是写了一个纸条递给了她：祝你快乐，不止新年，不止今年，年年快乐。

她回我，谢谢，真的。

她突然转头问我，自己那么爱一个人，但他并不爱自己，是不是很傻？

我回答，当然不傻。要享受爱的过程，因为爱有保质期。

她问我,爱的保质期是多久?

这取决于你被这段爱耗尽的时间,也取决于你一直为一个人付出的耐力有多久。特别年轻的时候,对于爱,我们都太用力了。用力地得到,用力地失去,使出全身力气去爱,去恨,去奔赴,去计较。爱,是很宝贵的一种力量。但爱有自己的周期,不管多么莽撞,横冲直撞,也只能发生在特别年轻的时候。因为要爱一个人,思念一个人,要尽情地释放爱,需要时间,更需要空间。

02

女孩下了飞机,和我聊了一路。我提出想写她的故事,她来了劲儿,把我拉到机场的咖啡馆,与我细细攀谈。

这是一个很普通的爱情故事。她和男朋友恋爱八年长跑,发现男朋友比她跑得快得多,男朋友辞掉了工作,重新回到校园读书去了。慢慢地,她发现他没有从前那么喜欢她了。男人都是喜新厌旧的家伙,她愤恨地说。但随后,她的眼泪涌了上来,她在二十七岁这一年,发现自己比从前更爱他了。

我问,怎么比从前更爱他了呢?

她想一想,或者是比从前更依赖他,现在的自己好像没有能力来爱他。她的工作太忙,没有时间陪伴他,赚钱太少,无力去实现他想要的东西。这导致两个人每次约会,都是在家中,不去商场消费,好像电影也很少看了。男朋友说,手机买个会员,架起支架,也可以很隆重地看一场电影。

但女孩会暗自比较,偷偷衡量自己跟其他女孩的得失与落差。比如,她的同事又收到了男朋友怎样的礼物,她的同学又被男朋友怎样求婚了。比如到了某个节日,她在等待男朋友的行动,但他也会装聋作哑。当然,她可以理解他,因为爱,她没有那么蛮横地非要消费贵重的礼品,因为爱,她理解他还是个学生,无力支撑高额消费。

但女孩有一个心愿,她想订婚,男孩父母亲全部反对。给出的理由异常直接:女孩不错,但家里太穷了,双方不匹配。穷这个字眼,真的是太伤人了。

女孩想立刻放弃,男孩立刻挽留,恳求她给自己一次机会。他说,我会说服自己的父母的,他们还是听我的想法。之后两个人的感情藕断丝连,分分合合,痛苦又拧巴。

看着女孩一直执迷不悟地爱着一个没有那么爱她的人,家人给女孩安排了相亲。在短短一个下午,女孩相亲了三次,见了三个男孩。不仅女孩连连摇头,家人也跟着说不行,至少要比现在这个男朋友强,才可以接受。

这个男朋友已成为她找男朋友的标准。比如身高、学历、家境,还要有能力落户上海,在上海买房。种种细节算上,这个男朋友已经超越了沪漂的大多数男孩。男孩其实是女孩的理想型。爱情中有个奇怪且成立的理论,就是多半你特别喜欢的,都是匹配不上的人。一见钟情,特别幸运,也需要绝对的条件。

03

爱的条件是什么？女孩问我。

我想可能没有绝对的条件，公园里的那些写在纸上的条件其实不是爱情，是交易。就像有一次，一个朋友给我看他在相亲群里相亲的女孩，写了自己拥有两三套房子，父母现在退休，无养老压力，还写了自己的收入、喜好等。很现实，很直接，她要寻找的男朋友肯定得硬碰硬地比较条件。这个时候，爱入场的方式，考虑的不是情谊，不是三观，是社会条件，是交换价值。

抛开爱情的现实条件来说，其实人在选择另一半时，在无意识中也会有许多无端的要求。比如要对自己好，要聊得来，要看着顺眼。这种要求，其实是最高的要求。

要求一个人对自己好，首先这个人不仅要喜欢自己，还要拥有对自己好的能力。

聊得来代表了深层次的需求，只有两个人生活背景和教育背景相当，找到共同的话题，才可能有聊下去的机会，这是对一个人精神长相的审美。

看着顺眼，所谓的眼缘，带着不确定性。爱很难一见钟情，只因大多数人都普通。顺眼，是对一个人外在审美的肯定，外在审美是更高一层的要求。你读过许多书，走过许多路，开始理解了你想要的生活，穿上了你想要的衣服，活成了你想要的样子。这个时候的你才是恰到好处，刚刚好的你。

人们在婚恋选择中，越来越趋向于向上选择。选择比自己更好的，更有能力的，更有能量的人。还有人只能接受向上选择的快乐，仰望时的喜悦，却无法接受结果其实是平衡的，随着年龄的增长，结果有时是向下被动地选择的。所以有人会不甘心，认为这是生活给自己的委屈。能够吞下的人是好样的，不能吞下的人注定要痛苦。人生在世，我们最难认清的真相，其实是会把自己有时看得太重，有时看得又太轻。

04

女孩垂下头。上海下了大雨，大雨滂沱。我说，你不必觉得难过。

未来的路上，你肯定会失去许多，但一定会得到更多。当有人爱你的时候，你要好好爱别人；当无人爱你的时候，你要好好爱自己。难过的时候，好好与难过和解。快乐转瞬即逝，拥有时，赶紧大笑起来。

我们不能保证想要的东西都得到，也不可能全部如愿以偿。只能在有限的拥有中，理解生活的馈赠，不是空穴来风，自有它的道理。

如果你很爱很爱一个人，却发现对方没有那么爱你，那么请你相信我，最重要的不是放过别人，而是放过自己。执念原来在自己这里，与他人无关。

奇迹和痛苦都来自另一个地方，那个地方和我们想象的并不一样。你必须跌倒，必须投入，比如大哭一场，或者颠沛流离，才明白爱和自己想得不一样。然后，你变得更坚强。坚强之后，带着理性的爱，感情才可能会更持久。

要相信,你并不是一直这样

01

最近两年,我一直在采访各种人,遇见各种有故事的很特别的人。

在列采访提纲的时候,我有几个特别羡慕的人,曾特别期待采访到他们。当时只是查阅他们的材料,翻看他们的书籍,觉得这些人太有趣了。后来要做访谈节目,深入交谈以及了解后,发现他们也并非一帆风顺。每个人都有自己的功课要做,功课艰辛又困苦,无一例外。

但这些成功的人都有一个特质,那就是不管把他们放在多么糟糕的际遇中,不管他们面对着怎样庞大的困境,他们都能跳出眼前的生活。

所谓的跳出生活,就是活在其中,但不完全属于生活。不把人生看成一场赛跑,它其实是一次漫游。

02

去采访一个大学老师,她的一次经历令我记忆深刻。她刚刚去大学教书时,以为自己的人生就是这样了,备课讲课,上课下课,三点一线,不会再有任何欣喜以及变化。她就像窗外的树一样,等风给她讯号,给她指引,让她重新发现自己的另一种可能性。

一次上课,她如往常一样点名,学生们也一声声应答。当她念到一个女生的名字时,却没听到意料中的应答。于是,她连续念了三遍。有人告知她,这个女生已经离世了,这句话说得冷漠且客气。顿时,空气沉默。

这个时候,她看到一只小鸟从窗外飞过,仿佛它刚刚一直在听,然后飞走了。一只鸟的飞走,一个人的离开,会很突然且不会给人们留准备的时间。老师的心情很悲伤,她这节课要分享的诗文,恰恰是陶渊明的诗文,里面有几句她很喜欢:"亲戚或余悲,他人亦已歌。死去何所道,托体同山阿。"

一个人离开后的遗憾与悲痛还没有消失,身边的人就要重新开始自己的生活了。来不及停留,生活已经把你推向另一个时间的通道,仿佛那个人,那场死亡与你毫无关联。那节课结束后,大家离开了课堂,她还站在课桌前,等待鸟的光顾。但她再也没有等来那只鸟。

经历了这件事情后,她开始意识到人生无常,所以更要享受时间。怎么享受时间？要带着一种戏谑的精神，敢于嘲弄自己，否定自己，但也要告诉自己，不会一直是这样。努力后，再说随遇而安，会有一种踏实感、愉悦感，不努力就开始躺平的人会有罪恶感，也会浑浑噩噩。

她开始书写自己对诗文的理解，对无常的理解，对历史人物的感同身受。记录，让她的时间鲜活了起来，仿佛逝去的每一分钟，都有了不同的意义。

不为写作而写作，跳出写作之外的喜欢，才是对写作最大的尊重。热爱生活，但随时可以跳出现在的生活，才是对自己最大的挑战。她的书写得特别精彩，被邀请去了各种平台分享。当越来越有名气时，她又拒绝了所有人的采访，安安静静地钻到了书稿里。

回首之前求学的时光，当时的她在国外求学，特别喜欢一个男孩，她去表白，被拒绝。于是，她挂着眼泪，走了三个地铁站，回到家，洗了热水澡，分不清泪水和洗澡水，心情才好了起来。回到国内，朋友们笑她三十多岁还在读博士，不能赚钱，不去谈恋爱，显得她是那么愚钝、天真、缓慢，且无力。

当时的她无力还击，却也欣然接受。她说，不能控制别人怎么评价自己，但自己知道，自己不会一直这样。无论眼前是好的际遇，还是坏的经历，她不会保持一种姿态前行。

掌声与赞美，终有落地时。糟糕的心情与状态，也不会持续太久。有人说，残酷与温暖是人生之树上的枝叶，有的靠近树冠，受到更多的阳光照耀；有的在底部，感受大地的寒露更多。温暖、残酷，都比不上越来越自由的心，它可以感知岁月的力量，也可以让自己时时刻刻跳出自我。

03

我读产品设计研究生课程时，认识了一个同学。她刚入行做一款产品的设计，公司也是行业很棒的产品设计公司。念于她是新人，那群名校毕业的高学历的同事们并不认可她的能力。

领导选择把大家都不看好的一个项目交给了她，比较好的项目，都交给了外部合作者。她当时挑战的是一个新的众筹合作项目，之前公司有个同事做了半年，无果。交给我这个同学做的时候，她顶着压力，去跟合作伙伴学习，去真诚地跟对方交流，期待有所突破。

那是一个下午，她跟着去合作的公司开会。她的同事狂傲地介绍她在做一个低配版的众筹项目，合作方也笑了起来。那一刻，她的心情跌到了极点，看向窗外，突然惊喜地发现了一朵迎春花，很小的花朵，且不止一朵，仿佛在等某个未来怒放。她突然认为这意味着自己的好运即到。她不属于这一刻，被嘲讽的这一刻，特别潦倒的这一刻，她属于未来，被接纳，做出成绩，自信的那一刻。

她和我一样，进修了产品设计的研究生课程，认真虚心地向合作方请教。没想到，项目不仅成功，还远远地超过了预期。当你全身心投入去做一件事，结果一定比预期更好，毫无疑问。

04

海德格尔提出过一个有趣的观点：人类的时间与宇宙的时间恰好相反。宇宙的时间是过去，现在，未来；而人类的时间参考轴却是未来，现在，过去。

一个孩子为了未来考取好的大学，所以要投入所有的精力去学习；一个学者为了未来的永垂不朽，他要努力，所以只能舍弃现在的幸福；一个创业者为了未来的财富，他要牺牲娱乐的时间，投入到工作中。为了未来，我们必须在现在，忍受所有的折磨与压力。

事实上，人很难预知未来，但人又喜欢给未来加码，于是，我们一直在生活中沉浮。要知道你不会一直这样，过去，现在，未来是流动的，你不必计较一时的快慢、得失。因为人生不是一场比赛，而是一次浪漫的漫游。

在这场浪漫的旅程中，要尊重底层规律，相信相信的力量，相信自己的能力，相信改变的规律，更要相信，不管正在经历着什么，你都是最与众不同的那一个。

一个离星星最近的女人

01

美国国家航空航天局（NASA）科学家凯瑟琳·约翰逊去世了，享年101岁。追念她的悼词里有一句话是这么写的："她帮助我们的国家开拓了太空边界，她也为妇女和有色人种打开了探索宇宙的大门。"

据说，凯瑟琳的父亲只要看一眼木材就能知道可以切出多少木板，她也具备这种天赋。

她说："我会去数通往马路的台阶，通往教堂的台阶，我洗过的碗碟刀叉的数量……任何能数的东西我都会去数。"

凯瑟琳的天赋从小就已显现，刚读小学的时候，凯瑟琳连跳两级，八岁就读了六年级。十四岁就读于西弗吉尼亚州立大学，攻读数学专业。

02

当然,她的成长并不是一帆风顺的。凯瑟琳也有自尊心被打击的时候,因为是有色人种而被其他人歧视和伤害。为此,她躲在房间里不敢出门,也不去结交朋友。她的父亲却说:"你和这个镇上的其他人一样好,你没有问题。"

父亲十分重视她的教育,始终支持女儿的学业和前程。每次遇见问题,女儿总是喜欢跑来问他,该怎样选择。他都会说,去选择那条难的路。容易的路会走偏,让自己迷失方向,最难的路会成就你,让你看清楚自己的心。

凯瑟琳将这句话牢记在心。2008年,已入古稀之年的凯瑟琳感慨:"感谢我的父亲,让我从未有自卑的感觉。我和其他人一样,只是个普通人。但我比其他人要勇敢一些。"

这位数学奇才如此谦逊,可在我心中,她绝对不只是普通人,她是所有女孩的榜样,她的经历、所得,都证明了女孩的智力绝对不弱于男子,只要你敢追求、坚持自己的梦,命运终不会辜负你。

凯瑟琳在大学里的表现也很卓越,大三时就学完了所有课程,老师珍惜她的才华,又为她一人开设了解析几何学,而她是这门课程唯一的学生。十八岁时,她大学毕业,同时学会了法语。可就是这样一个天才少女,毕业后,由于肤色原因,她成了一个初中老师,只能去教黑人读书。

正在此时，命运拯救了她，一次幸运的机会，她成为美国第一批非裔女研究生。

03

20世纪40年代，第二次世界大战爆发，男性研究员奇缺，美国国家航空咨询委员会（NACA）将招聘对象放松到了高学历的黑人女性，在这样的契机下，凯瑟琳加入了NACA下属的兰利实验室，成为里面最硬核的"人肉计算机"。看似幸运，唯有她知道在这个过程中自己抗争了多久、抗争了什么。

比如，她的工作小组都是白人男性工程师，每次报告她无法署名，但她依然会倔强地签上自己的名字——凯瑟琳·约翰逊。比如，黑人女性计算员要与白人隔离，被安排在一栋名为"西区计算中心"的建筑里工作，作为一名"穿裙子的计算机"，凯瑟琳从未退缩过。又比如，NASA的重要会议从不要女性参加，她会抗议："有法律说女人不能参加会议吗？"

她的抗争力量是微弱的，却也是有力度的，最终，她拥有了署名权，也拥有了参加会议的资格。"我是靠智慧和坚持赢得的，而这是我应得的。"她比任何人都清楚，智慧必然来自孤独。

那么，在这个过程中，我们的凯瑟琳究竟做了哪些事情？

清一色的白人男性中，凯瑟琳是独特的女性色彩，他们的工作节奏非常快，工作量也非常大，为了节约时间，她上厕所甚至也要拿着数据进行演算。数据赋予了她使命,这使命让她被尊重,被看见。她最终凭借自己出色的数学能力,从工作中的边缘角色成为核心人物。

她在美国航天领域的成绩实属瞩目。比如,她计算出了1962年NASA宇航员约翰格伦上太空进行绕地球飞行的轨道;比如,她计算出了阿波罗的登月轨道,在他登月失败后,又是她重新计算和设计了他返回地球的路线。

面对凯瑟琳取得的这些卓越的成绩,奥巴马亲自授予她"总统自由勋章";芭比娃娃中有一款胸前佩戴着NASA勋章的娃娃,就是以她为原型;还有一部以她为主角的电影《隐藏人物》。

纵使她是数学天才,却依然被肤色、女性、阶层所困。当有记者采访她,问她怎样看待眼前这些困境时,她却抬起头,浪漫地说:"我非常喜欢那些星星,还有太阳系。一切都很美。"

啊!美好的一切都深藏其中,旁人真的只是她世界的配角。甚至不足以评论她的人生,也无法用自己的认知来衡量她的辽阔。

今天的女性,所享受的尊重、工作,哪怕是每一次前进的步伐,每一个权利的赢得,其实都是像凯瑟琳这样千千万万的女性勇敢争取的结果。

我致敬她们,不仅仅是因为她们走过了那条荆棘路,更是她们身上藏着一股能把自己从底层拔起来的力量。而这种力量之所以迷人,令人向往,在于她的天赋、聪慧,以及那颗从不言放弃的心。

后 记

01

在最后的这篇文字里,我想聊聊自己。

写作那么多年,收获了许多读者,慢慢地,他们成了我生命中的一部分。我把这些读者看得特别重要,也一直在用文字与他们交流。我们互相陪伴着走了很远的路。

那天我直播,有个读者给我留言:你千万别红,就好好做小众的写作者。没有那么多人打扰,你需要一边应对生活,一边写作,我们才会有类似的成长,你写的文字不会高高在上,我读起来也有收获。你打拼的样子,给了丧丧的我一些星光。

另外一个读者留言:我不舍得把你分享给别人看,我只想默默地喜欢你。你呢,就默默地写作,写短篇,写小说,写孤独,写成长。无问西东,仙里仙气。

看着他们满屏热情的留言和互动,我蛮感动的。我并不是那种非常自信、非常乐观的写作者,虽然我很努力,但我之所以那么拼,是因为我骨子里其实是悲观主义者,有些自卑,有些孤独,也时常会落寞。

在写作、成长的路上,我一直转换在北京、上海这两座城市。十年来,我以相通的方式迎接了许许多多年轻的朋友们,也以不同的方式送别了许多的年轻人。人潮散去,我还站在原地,并努力站稳了脚跟。所以我能理解身处黑暗的人的那种焦急、绝望,也能理解当你不被人看到时的那种失落、低沉,更能感同身受你如一束光般站在舞台上时的骄傲与欣喜。

我都走过,遇见过,经历过,如今依然走在从黄昏到黎明的那条通道上。我坚信自己一定可以看到光,也一定可以拥抱到光。但我也深信,自己需要时间。我在写稿的时候,好几次写到长期主义者,是因为我相信只有这群人才能真正地走到塔顶。我期待自己和读者,以及朋友们做同行者,一起向前走,有共同的方向,一起走很远。

02

我去直播,很多读者问我,你平日里是一个什么样的人,过着什么样的生活?

我脱口而出,一个孤独的老好人,一个浪漫的旅行者。如同一粒沙,一颗星,散落在沙滩,迷失在星河。

当然,任何一个简单的词语,一句话,都无法概括一个人,但我认为这句话真的是我内心的真实写照。我给自己的要求是：要非常努力，绝对的付出后，再去看淡结果。一个人在年轻时没有争取过，没有拼命过，就对生活妥协了，在以后的岁月中会很辛苦，也会后悔。

我骨子里应该是一个绝对老好人的状态，只在意自己在乎的，忽略对我影响并没有那么大的情绪和得失。我总在想着如何去满足别人，即使自己有所牺牲，也在所不惜。我是一个完美主义者，如果我对身边的人没有绝对的满足，就会心有不安。我也是一个很难放过自己的人，一件事没有完美的结果，我会心心念念许久，无法释怀。

许多人以为我朋友很多，经常问我要一些资源。我总能很快地在朋友圈搜出来，并把一切安排妥当。他们对我说，谢谢，你真好。然后调侃我，你怎么认识这么多人，还能与他们保持好的交情？！

我并不是那么敏感的人，但类似的话，总会让我有一些压力。是的，我很容易活得很累。

所以，我特别喜欢黄昏的景象，那真的是一天最美的时刻。夜幕降临，街头人们的背影日益模糊，渐渐沉落在黑暗中，我会有一种快乐的情绪。走在黑暗中，抱着自己的孤独，以及对这个世界的理解，不必在意自己是谁，这种感觉，真好。

03

　　我也很容易感动。因为开写作班，我特意给一些参与的朋友写过信。其中许多朋友都是我的读者。写信之前，我会在晚上给他们打电话，自此也收获了许多心情，许多故事。我开始认识到普通人的优秀、日常，他们也有着浪漫的文学时刻，也有着需要我不断去捕捉，去书写的庞大空间。

　　这个新年，对我来说意义非凡，我写了好几十封信，安慰、鼓励、祝福了许多人。他们收到我的信件，给我反馈的爱与信任，沉甸甸，也很温情。爱与温暖都是相互的，当我们开始主动向陌生的人群迈开第一步，那些人一定会向我们迈出更多，付出更多。

　　在与他们沟通时，收到朋友们一句不经意的温暖留言、节日祝福，我也会看许久。真的，新的一年，我期待自己很强大，拥有很多的能量，拥有许多的爱，拿出更多的时间去保护我爱的人，也能呵护到爱我的人，靠近我的人。

　　成年以后再结交朋友，真的会很难，尤其在生活节奏很快的北上广。我很能理解一些优秀的人为何一直单身，他们可能一直在高速旋转，根本没有时间，也没有空间，去了解另一个人。

　　但文字就是那么神奇，那么有力量，那么有穿透力，仿佛一下可以找到同行者，我们气质相通，对这个世界有着相似的理解和爱。于是，在我文字的世界里，我们相聚，相投。但愿会有更好的成长，这样才可以走更远。

据说，围绕在我们身边的人，与我们相处一直有两种法则。一种是来与你交换价值的，你值得的时候，他们在，你不值得的时候，他们消散。还有一种不管你是谁，拥有什么，或一无所有，他们都在。好好珍惜第二种人，因为他们是稀缺资源。

那么，我愿意做你的第二种朋友。

04

在最后，我想感谢一个朋友——我的儿子，星河。

我一直在写书，写作，错过了一些他成长的片刻。而那些片刻，都藏在了过去的某个时间点。我没有参与，所以内心会有遗憾。每个晚上，他都在我身边安然地睡着。他那么纯洁，那么安静，那么坦然的睡觉姿势，让我沉迷其中，一看就会看许久。坐在他的身边，想象未来某一刻，他终于长大……并为此写下许多首诗歌。

在孩子这面镜子面前，仿佛投射出任何大人的缺陷与心结。我这个容易失眠的中年人，在他的纯净和爱面前，渐渐被暖化，心也变得单纯、安静。心变得非常安静的时候，才会柔软，此时我们看待任何事物，眼神仿佛都闪着光，得到和失去万事万物的理由，也都可以被接纳。

我期待我和你们一样，拥有让心变得安静、柔软的能力。那时，我们再看眼前所有的人与是非，仿佛都会有另一个出口，另一条路可走。

亲爱的朋友们，尤其是那些一直陪着我写作的你们，谢谢你们一直陪伴着我，鼓励着我，支持着我。那些新来到我文字世界的朋友们，我坚信在某一时刻，我们也会成为心灵相通的朋友。

愿我的文字和故事，可以陪伴你的孤独片刻，给你力量，也给你无尽的温暖。

再见，我们一定会再见。等我准备好新的故事，等你从远方归来。

2022年2月14日于上海